U0280438

养蜂技术全图解

[英] 克莱尔·韦林（Claire Waring）
艾德里安·韦林（Adrian Waring） 著

王丽华 译

机械工业出版社
CHINA MACHINE PRESS

序

　　如果有一件事情是我所知道的关于养蜂的，那就是你决不要有太多的关于这个学科的书。在过去的十年里，我已经收藏了一个小型图书馆了，有两本还是有百年以上出版时间的呢。其中一本就是伊娃·克兰（Eva Crane）的《养蜂世界史和蜂蜜猎取》（*World History of Beekeeping and Honey Hunting*），现在相当罕见，是我花了100多英镑才买到的。

　　然而，在琳琅满目的养蜂书籍当中，你从哪里着手较好呢？这本由克莱尔·韦林（Claire Waring）和艾德里安·韦林（Adrian Waring）编写的《养蜂技术全图解》是一个绝佳的开始方式。

　　迄今为止，有太多不同的方法来教你怎样养蜂了，于是，你就在逐个尝试中犯了一大堆的错误。相信我，我想说的是，我已经这样试过无数次了。如果早点接触到这本书，我就会更容易地理解"上蜂路"和"下蜂路"之间的差异了（非常重要的），或者懂得区别"暖蜂路"和"冷蜂路"巢框的箱内开槽位置了（也是非常重要的）。

　　在这里，养蜂设备相当难描述，而真正有用的是图片解析。例如，防鼠器长什么样，你有概念吗？本书的作者想要谈及的都准确地以大量图文并茂的形式呈现出来了，还用6张全景照片和1个流程图来演示点燃喷烟器的全过程。这就是养蜂实践，相当于学骑自行车，不易学会，可是一旦会了就不会忘记。

　　事实上，如果你读过这本书并且实践过它所教授的内容，你就有可能完全靠自己从事养蜂业了。不过，我不会再推荐了，想必作者们也不会再随便推荐的。目前，养蜂的好多事情可能都错了，而且以我个人在过去十年里的经验，觉得几乎所有的都错了。这本书能给予你一定的帮助，并能引导你回到中规中矩的养蜂路上来。所以，如果你有条件，很有必要去加入一个当地的学会。另外我想说的是，假设在仅有蜜蜂为伴的荒岛上，你正在阅读这本书，那么它就是你必须行动起来的最好陪伴。

至于作者们，你找不到比克莱尔和艾德里安更专业的专家了。他俩多年来一直都在饲养蜜蜂，一直是英国养蜂学会的秘书长，写过一连串的关于养蜂技术的书籍。此外，艾德里安还是郡（县）的首席养蜂顾问，克莱尔也是月刊杂志《蜜蜂工艺》（*Bee Craft*）的主编，该杂志是英国养蜂者手中的一本必读物。简言之，他们知道正在谈论什么。

养蜂是一种迷人的、带有挑战性和高奖赏回报的消遣方式，收获蜂蜜仅是它的一个很小部分。我所喜爱的是这个过程里剩余的那些：学习与蜜蜂相处，享受探究蜂箱的特权，最重要的是还要保证它们仍活着，而这并不容易。养蜂人中的相当一部分正在学会接受挫折，于是，克莱尔和艾德里安的这本书可以给予你正确的指导。所以，你们在进行优势合作。

祝好运！

比尔·特恩布尔

（Bill Turnbull）

前　言

　　我很好奇你为何开始对蜜蜂和养蜂感兴趣了。最近，蜜蜂和其他昆虫授粉者的困境经媒体报道后，肯定已经使更多的人知道了这些迷人的昆虫。前段时间，在美国发生了奇怪的蜂群崩溃综合征（CCD），即成千上万的蜜蜂蜂群集体走失了。我们也已经意识到了英国在过去的几年里蜂群的死亡量比正常年份高。人们的注意力开始转向适于授粉者的饲料植物的量急剧减少这一现象。

　　这种窘况已经引起人们对蜜蜂及养蜂业的深度关注和大力支

养蜂人并不饲养其他授粉者（包括熊蜂）

西方蜜蜂

持。英国妇女协会在它的 2009 年年会上通过了一项题为"为蜜蜂求助"的决议，请求政府增加经费来支持蜜蜂健康研究。支持养蜂的活动也来自一些企业和机构。全国各地的花匠们都被鼓励种植与蜜蜂友好的花卉。政府又给蜜蜂研究拨出了额外的经费，并且还宣布了一个联合计划，与其他合作伙伴一起研究和鉴定对蜜蜂和其他授粉者构成威胁的人（或物）。

观看一个观察箱里的蜜蜂总是令人着迷

养蜂适合各个年龄段的人

或许你像我一样，总是对自然界感兴趣。记得小时候，我与父亲一起骑脚踏车外出去采花。那时候跟现在不一样，野花是不受法律保护的，但我们也仅是每种花只采回来一个样本进行识别和分类。现在回过头来看，我在蜜蜂上的特殊兴趣可能源于我的小学时光。那时，在防空避难所的上面，我们的地理学老师收捕并抖落了一个分蜂团放到白色的 WBC 蜂箱里，那情景至今仍历历在目。然而，这种兴趣的再次点燃，是隔了很久之后的事了。直到有一天，我真的决定要去饲养蜜蜂了。

这个神奇的爱好是这样开始的：首先是有一种小激动，拥有了自己的蜂群并能全方位地围绕着蜂箱观察蜜蜂了；其次是有一个可怕的时刻，自己首次进行蜂群检查；然后是有一种恐慌，发现蜜蜂准备分家了而自己却还没有制作完成容

纳它们的蜂箱。我不信哪个养蜂人能够忘记他们初次看到自己收获的蜂蜜从摇蜜机里流出时的那种兴奋，我甚至仍然保存着当时取蜜用过的一个罐子。

说起养蜂人，我发现他们中的许多人在年轻时都接触过蜜蜂。对于某些人，可能是他们的父母、祖父母或者其他亲戚曾经养过蜜蜂。而对于另外一些人，可能是什么人曾经到过学校谈起了蜜蜂，或许还树立过一个为科学、数学、艺术、英语和其他科目设计的蜜蜂观察箱。虽然蜜蜂影响着我们生活中的许多方面，但那一次可是我关于蜜蜂的许多美好事情之一！

无论是什么激起了你的兴趣，我都要提醒你，你是很容易上瘾的。一两年过后，你可能开始认为已经学会了养蜂，每件事情都能轻而易举地完成了。可是，当你对任何一位有经验的养蜂人谈及此事时，你就会发现绝对不是这样的。和蜜蜂在一起，你总是在学习中。

随着对蜜蜂变得越来越专注，你会清楚地发现你已经在不同方向上拓展了这种兴趣。你可能开始选择和培育你自己的蜂王，也可能开始收集养蜂书籍，然后就是摆弄一些能把你带进宏观世界的蜜蜂摄影作品了。另一个可能的延伸是进行对其他昆虫的研究，如独居蜂和熊蜂。你甚至可能发现自己对其他现存蜂类也痴迷，进而开启了世界之旅。

不希冀这本书涵盖所有的这些方面，但它却是为了给你一个清晰的关于蜜蜂以及关于养蜂实践方面的介绍而设计的。

我希望你喜爱这本书，并且你和你的蜜蜂能够从中受益。

目 录

第一章

蜜蜂概述

为什么养蜂

人们以某种方式利用或饲养蜜蜂已经达数个世纪了。一开始，人们的主要兴趣是蜂蜜和蜂蜡。在甜菜糖和蔗糖被精炼之前，蜂蜜是唯一的甜味剂。蜂蜡可以燃烧产生光、作为草药的载体、提炼油类，以及作为亮光剂。在世界上某些地区的人们已经并且仍在从蜂巢中获取蜂蜜，如果从巢脾中挤出的蜂蜜（意指巢蜜）没有全部被吃掉，那么剩下的蜂蜡就将被熔化、过滤和再利用。

在油菜花上的蜜蜂

除了生产蜂蜜，蜜蜂还从事着非常必要的授粉服务

虽然获取蜂蜜和蜂蜡仍然是养蜂业的一个重要组成部分，但是远不如蜜蜂为农作物授粉重要。在英国，蜜蜂对农业经济的价值被估为 8.25 亿英镑。据说我们吃的食物有三分之一是由于蜜蜂而获得的。多么令人震惊的数据啊！不仅仅为人类带来食物，蜜蜂也为种子作物进行授粉，如胡萝卜和洋葱。

学习养蜂

事实上，蜜蜂是继奶牛和生猪之后的第三大重要驯养动物，位列家禽之前。

人类与蜜蜂

人类之所以需要蜜蜂，是因为它是蜂蜜和蜂蜡的唯一来源。另一方面，自从 1992 年英国发现狄斯瓦螨以来，蜜蜂也需要人类。如果一个被感染的蜂群不做治疗，蜜蜂将会死去，而这将导致英国境内的几乎所有的野生蜜蜂蜂群走向灭亡。

这里先不说是否是利他主义在召唤，尽管饲养蜜蜂可以有许多其他的原因，但是养蜂人确实是蜜蜂的救世主。你将要探究一种可能是世界上研究得最仔细、最迷人的昆虫。这是一种能在完全黑暗的蜂箱内通过在垂直的蜜脾表面上跳舞来传递食物源的距离和方向的昆虫；这是一种生活在被描述为一个超个体的蜂群里的，每个个体都以某种方式为全体成员的生存在做着贡献的昆虫；这是一种在快速飞行途中能够看得见颜色并将之转换为黑和白来保存资源信息的昆虫。

你探究蜜蜂的生活和行为越多，你就越想知道得更多。作为一个养蜂者，你将需要学习"读懂"蜂群来判定蜂群状况：是否想要分群了，是否需要更大的空间储蜜了，是否健康以及是否需要治疗。

你要学习分蜂行为和分蜂控制，要接触一些被蜜蜂活动震惊过却从不去阅读养蜂书籍的人，要开始去鉴别不同蜂群的不同性情并学习如何处理这种情形。你要看着你的蜜蜂在你自家的花园里采花并经历自己取蜜的激动。

总之，你会从观察蜜蜂和管理蜂群中获得快乐，以及真正从中得到享受。

养蜂并不适合每一个人

养蜂可能不适合你，然而，热情的你是随性的。某人可能在理论课上是班级第一，可是，当他站在打开的有一大群蜜蜂的蜂箱前的时候，却仍未准备好或者总是被吓到。如果是出于这个原因而不是其他原因，我建议你在购买蜜蜂、蜂箱和其他工具之前，先去参加一系列的初学者讲座。这些课程培训班通常会由许多当地的养蜂学会面向全国来开办。

我的第二个建议是，你要加入你所在地的养蜂学会。在这里，你将不仅能够从到访的讲座者那里学习并旁听蜂场会议，学习开箱操作蜂群，而且你也会发现一群志趣相投的人，他们非常愿意给予你帮助和忠告。作为一个初学者，你很可能需要这种支持。

你也准备听从我的第三个建议吧，就是读一本好的养蜂书籍。

参加当地养蜂课程培训

蜂群是如何工作的

当你第一次看见蜂群的时候，你会看到成百上千的蜜蜂个体在明显地自由活动着。然而，当蜜蜂个体花费大量时间"休息"（除了帮助蜂群维持温度之外什么也不做）时，它们事实上正在一起为蜂群的生存而工作呢。

一个蜂群可以被看作一个超级个体。从专业角度来说，它被定义为"所有行为者的集合"，能一起行动来产生由集体调控的诸多现象。这里的"现象"是指这个超级个体所需要的任何活动，如采集和储存食物或搜寻新巢址。个体的蜜蜂靠自己不会存活多久，正是蜂群中这些个体的联合活动才使蜂群能正常地行使其功能。

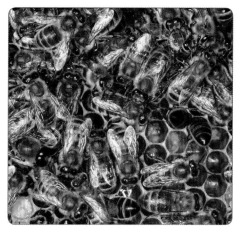

巢脾上的蜜蜂

蜂蜡巢脾

巢脾是蜂群在其上生活的基本结构，由蜂蜡制造而成。蜂蜡由工蜂腹部腹面的 4 对腺体所分泌，微小蜡鳞成型后被向前传递到上颚，由上颚加工和软化后再添加到巢脾上。

当分泌蜂蜡建造蜂房时，工蜂们总是悬垂在一起，以结彩的形式，从巢穴的顶部开始。巢脾结构被认为是从紧密相邻的圆形巢房进化而来的，因为蜂蜡很柔软，在巢房间毗连着巢房壁的地方渐渐向外平展出去，挤出了类似于六角形的形状。在材料利用和结构强化方面，这是最有效的结构之一。

六角形巢房被建在一个巢础主脉的两面，两个平行直立的侧面和另两对的侧面都向着顶部和底部的一个点。巢房较低的内脊略微呈斜坡状，好让房口比房底更高一些。用这种最有效的结构，让巢础主脉正反两个对立面上的巢房规格一致，很方便蜜蜂们同时建造巢房。如果你握住一张新建的空巢脾对着光，你就可以看到它有多精致。

分泌蜂蜡鳞片

在箱底板上的蜂蜡鳞片

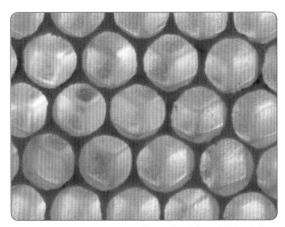

蜡质巢脾内规格一致的六角形巢房

洞穴筑巢的蜜蜂

西方蜜蜂（Apis mellifera）在洞穴中筑巢，它们建造平行的巢脾，整个蜂巢由洞穴本身保护着，只要守住巢口就可以防卫来犯者。东方蜜蜂（Apis cerana）也是如此。然而，其他蜜蜂种类，如大蜜蜂（Apis dorsata）、黑色大蜜蜂（Apis laboriosa）、小蜜蜂（Apis florea）和黑

黑色大蜜蜂（Apis laboriosa）蜂群　　黑色小蜜蜂（Apis andreniformis）蜂群

色小蜜蜂（Apis andreniformis）在露天的地方筑巢，挂在悬崖上或树枝上。它们建单一巢脾，由一层层的蜜蜂来御敌护巢和抵抗风雨。

蜂王

　　一个蜂群有一只蜂王，它是唯一的能产受精卵的蜜蜂。在某种情况下，雌性的工蜂也可产卵，但是，因为它们不能交配，所以这些卵是未受精的。蜜蜂的遗传学很复杂，但你只需要懂

蜂王

得蜂王能产两种卵（受精的卵和未受精的卵）即可。两种卵都是可育的，即它们均可孵化并发育成成虫，但是受精的卵发育成雌性的工蜂，而未受精的卵发育成雄蜂。

　　一只蜂王可以存活4~5年，在蜂群这个超级个体内，它的任务就是产生下一代的工蜂和雄蜂，兼具保证蜂群的凝聚力的作用，因为它产生

的信息素（化学信号）在蜂群中会随着工蜂分享食物而被传递出去。

与雄蜂交尾

雄蜂的主要作用是与处女王交尾。蜂群中的处女王由于分蜂、交替、老蜂王死亡或丢失等而产生。处女王和邻家的雄蜂飞到雄蜂集结区（DCAs，已由山水地势决定了的界限明确的地区）去，在那里雄蜂将要搜寻任何可能是处女王的目标，包括被好奇的养蜂人投掷的石头。它们形成一

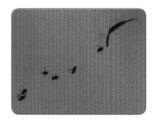

被吸引到一片浸过蜂王信息素的皮革上的雄蜂

个彗星状，飞在处女王之后，然后在空中交尾。交尾的动作杀死了雄蜂，它掉落下来，然后被下一只雄蜂所取代。据目前所知，处女王能与10~20 只雄蜂交尾。

处女王将它接收到的精子储存在它腹部的一个小小的叫作受精囊的器官中。受精囊在开口处有一个"阀门"，它允许蜂王在将卵产出之前给卵受精或是不给卵受精，这将随蜂群里的情况而定。

雄蜂不能采集花蜜和花粉，它们的存活依赖于由工蜂带回蜂巢的食物。在活动季节末，蜂群准备结团越冬了，雄蜂就是资源的浪费者，它们就会被工蜂暴力地驱逐或被故意杀死。

雄蜂

工蜂把雄蜂驱逐出蜂群

工蜂

蜂群里大多数蜜蜂是雌性的工蜂，负责蜂群生存所需要的大多数工作。当一只工蜂羽化出房后，它通常要在蜂群内先作为内勤蜂或哺育蜂，从事大量的箱内活动，然后才能作为采集蜂或飞行蜂，参加其他同伴的采蜜、采粉、采水和采胶活动。然而，研究已经表明，这个渐进的过程不是固定不变的，如果必须要满足蜂群需要，各个日龄的蜜蜂都可以做这些工作。工蜂个体的寿命不是与其能量消耗而是与其营养摄入联系在一起的。

内勤蜂从清理巢房开始，为蜂王产卵做准备。然后在巢脾上移动着饲喂幼虫，先是饲喂大幼虫，随着它头部的咽下腺或幼虫食物腺的发育，再转而饲喂小幼虫，同时也服侍和饲喂蜂王。当它分泌蜂蜡的腺体开始工作时，就

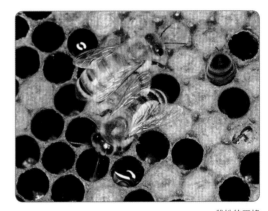

雌性的工蜂

用蜂蜡来制造或修复巢脾。在 10~20 日龄时，它开始从外勤蜂接收采集回来的花蜜。通过掺入各种酶和蒸发水分后，将花蜜转化为蜂蜜，然后储存在巢房里。它也会拍实由采集蜂稀松地卸在巢房里的花粉团。

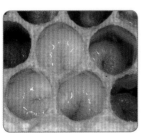

幼虫

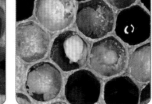

花粉储藏

在大约 3 周龄的时候，它就准备变为采集蜂了。但是在发挥这种作用之前，它可能要花一些

时间在守卫工作上，在巢门口防范从其他蜂群来的偷盗蜂或敌害，如胡蜂。

在开始采集工作之前，这只工蜂需要学习认识它的蜂巢的位置。首先，它要面对蜂巢做盘旋飞行，然后会越来越大范围地盘旋，直到感觉足够自信才飞离蜂巢。

守卫蜂

在学习认识蜂箱方位的工蜂

采集活动

工蜂主要的采集目标是花蜜，它把花蜜放在胸部的蜜囊里带回蜂巢，给蜂群提供碳水化合物。工蜂也把花粉拍实放在后足的花粉篮里带回蜂巢，为蜂群提供蛋白质。采集花蜜时，工蜂会用它们带毛的身体偶尔获得花粉。只有当巢内有大量幼虫需要饲喂时，花粉才被特意地大量采进。

蜂群也需要水，采集蜂用蜜囊将水带回。蜜蜂生存需要水，稀释巢内储存的蜂蜜饲喂幼虫时也需要水，在巢脾表面通过蒸发给蜂巢降温

带有硕大花粉团的工蜂

喝水的工蜂

还需要水。

蜂胶是一种由各种树木（如杨树）渗出的黏的树脂。工蜂将它们收集并放在花粉篮里带回蜂巢。然后，一只内勤蜂将帮助工蜂卸下蜂胶并用它填补蜂箱缝隙或强固巢脾表面边缘。某些蜂群使用蜂胶来控制蜂巢口的大小，用蜂胶门帘将巢口缩小成仅有几只蜜蜂大小的洞，不然就会盖过整个巢门。

被带进蜂箱的蜂胶

采集活动是艰苦的工作，在两到三周内工蜂就衰弱了并将要死去。在采蜜季节的高峰期，工蜂因此仅活5~6周。然而，当蜂群在冬季结团时，工蜂生理改变了，能活5~6个月。正是这种生理上的改变，加上蜜蜂储存蜜粉的能力，使得蜂群一年又一年地存活了下来。

翅膀磨损的年老工蜂

蜜蜂个体

蜜蜂是属于膜翅目的昆虫，身躯分为 3 部分：头部、胸部和腹部。胸部上面有 3 对足和 2 对翅，头部上面有 2 只复眼和 3 只单眼，还有 2 个触角。

雄性的是雄蜂。然而，雌性的有两个级型：蜂王和工蜂。在此，与其描述蜜蜂的解剖学细节，倒不如来看看蜂群中与不同任务相关的蜜蜂个体的特殊差异。

蜂王

蜂王是蜂群中所有蜜蜂的母亲，它比工蜂有更长的足和更长、更尖的腹部。许多人以为它比工蜂要大很多，但实际却不是如此。蜂群通过分蜂得以繁殖，蜂王必须能与第一次（即初次）的分蜂团一道飞行，所以，它就不能比工蜂大很多。

蜂王与它的工蜂侍卫圈

雄蜂

雄蜂也比工蜂略大、略壮，通过其腹部平圆的末端和头部巨大的复眼可以识别。所有的蜜蜂都有 5 只眼睛——3 只长在头顶上的单眼和 2 只长在侧面的复眼。复眼由许多小眼组成，每个小眼有它自己的神经导向脑部。雄蜂的复眼在头部相遇[○]，因而将单眼向前推进。当它飞往雄蜂集结区与处女王交尾时，这给予了它一个最最需要的、超乎寻常的宽阔视野。

粗壮的雄蜂

工蜂

工蜂是蜂群中体型最小的和数量最多的个体，它的主要特征是后足上有成对的花粉篮，外观上看这个足关节是扁平的并被一圈硬毛包围着。在每个足的内侧，成排的硬毛用于从身体上刷下花粉粒并传递给后足，当它同时搓刷两个后足时，花粉就通

工蜂

采集并携带回巢的花粉

○ 雄蜂复眼在头部相遇，专业术语称为接眼。——译者注

过一个特殊修饰的关节被用力挤压进花粉篮内。然后，它带着这两个花粉团返回蜂巢，用于饲喂幼虫或将其储存起来。

螫针

多数人知道蜜蜂螫人，但是他们不知道雄蜂没有螫针，而蜂王的螫针更光滑。当蜂群内存在两只以上蜂王时，蜂王的螫针仅在与巢内竞争对手打斗时才使用。这一般是在分蜂过程中发生，当几只处女王被养育出来后，它们就开始打斗直到仅剩一只，之后获胜者就要飞出去找雄蜂交尾，交尾成功后领导这个蜂群。

工蜂用它的螫针保卫蜂群。它的螫针是有倒钩的，允许它钩住敌人并在刺入部位将蜂毒注入敌人体内。然而，这些倒钩也阻止了螫针从敌人体内（如人的皮肤）撤出。当工蜂飞走时，螫针会将它的身体撕裂，导致它最终死亡。

复眼里的小眼是由几个细胞组成的，每个细胞对其所在平面上光的振动是敏感的，使得它能检测到偏振光。因而即使一只蜜蜂仅能看见一小片的蓝天，它仍能知道太阳在空中的位置，并用其导航到食物源，以及在黑暗的蜂箱内通过跳圆圈舞和摆尾舞来准确传递信息。

在工蜂的头部有幼虫食物腺或咽下腺产生饲喂幼虫的物质，在腹部下方有4对蜡腺分泌小片的蜡鳞，然后蜡质鳞片被传递到口器(上颚)，塑形后用于筑造巢脾或巢房封盖。

性别和级型

不同性别和不同级型的蜜蜂之间也有内部的差异。

蜂王大腹部里含有两个卵巢（卵在这里发育）和一个受精囊（一个小球体，在交尾过程中接受的精子，通过一个小管子迁移到此）。在通往受精囊的开口处有一个阀门，允许蜂王释放精子给卵受精发育成工蜂，或者扣留住精子产生未受精的卵发育成雄蜂。

相似地，雄蜂的腹部含有两个能产生精子的睾丸，因为它要飞到雄蜂集结区去交尾，所以在它宽阔的胸部有强壮的飞行肌。

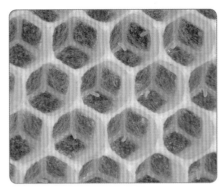

工蜂巢房中的卵

当工蜂用外部的花粉篮携带花粉回巢时，在它的胸部内也有一个蜜囊或蜜胃用于携带花蜜。工蜂用喙（或舌）将花蜜从花中吸吮出来，当它返回蜂群后又将花蜜吐出来。

发育历期

蜂王、雄蜂和工蜂有不同的发育历期，你有必要去学习这些，因为它们与理解不同操作，特别是分蜂控制有直接的关联。它们各自的发育历期可参见下表。

日龄	蜂王	工蜂	雄蜂
0	刚产下的卵	刚产下的卵	刚产下的卵
3	孵化	孵化	孵化
5		饮食改变	饮食改变
8	巢房封盖		
9		巢房封盖	
10			巢房封盖
11	第5次蜕皮（预蛹）		
13		第5次蜕皮（预蛹）	
14			第5次蜕皮（预蛹）
15	最后的蜕皮		
16	羽化		
20	成熟	最后的蜕皮	
21		羽化	

（续）

日龄	蜂王	工蜂	雄蜂
23			最后蜕皮
24			羽化
25	*		
27	交尾		
29		飞行	
31	*		
35		成熟	
37			成熟
41	太老了不能交尾了	采集开始	

注：表中的星号（*）表示蜂王能够进行交尾飞行的最小日龄和最大日龄。

在最初的三天里，所有的幼虫都被饲喂蜂王浆，蜂王浆是由工蜂上颚腺和咽下腺的分泌物组成的。此时期过后，工蜂和雄蜂的饮食变为幼虫食物，其中含有更高比例的咽下腺的分泌物和花粉。

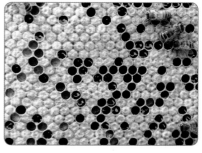

封盖的工蜂子

在第5次蜕皮后，幼虫开始变成预蛹并且最终由蛹变态为成虫的形态。

工蜂的巢房和雄蜂的巢房

工蜂、雄蜂和蜂王在各自特定的巢房里发育。工蜂和雄蜂的卵被产在巢脾上六角形的巢房里，多数是工蜂房。正如名字所提示的那样，正是在这些工蜂房里，蜂王产下工蜂卵。当幼虫即将化蛹时，巢房就被用一块平的或略圆的蜡质封盖给封上了。

由于身体更大，雄蜂需要更大的巢房来发育。雄蜂的巢房通常建

封盖的雄蜂房

在巢脾的边缘处，它们被用顶更圆的蜡质封盖给封住了。与工蜂封盖相比，它很明显。

王台

王台是完全不同的，它悬垂在巢脾的表面或边缘。在春天，工蜂开始建造看起来像榛子壳的王台基，这很正常但并不表示蜂群要准备分蜂了。在你看到王台基被延长成王台杯并且蜂王在里面产了卵时，其侧面就会随着幼虫的发育被进一步加高。王台被封盖，幼虫在里面化蛹。当蛹期结束时，成年处女王咬开封盖，羽化出来融入蜂群中。

王台基

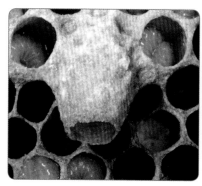

一个有卵虫的并被加高了的王台

封盖的王台

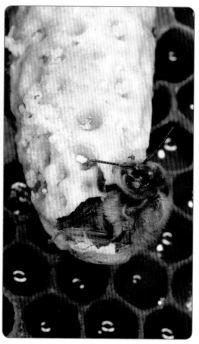

处女王羽化出台

巢脾上的处女王

蜜蜂的品种

　　蜜蜂来自不同的家族，分属于不同的亚种，但都属于膜翅目的蜜蜂属。所有膜翅目昆虫有两对可以联合在一起的翅。这里我们主要介绍西方蜜蜂（Apis mellifera），以 4 个主要亚种为代表。

　　卡尼鄂拉蜂（A.m.carnica）——喀尼阿兰蜜蜂，分布范围从奥地利的阿尔卑斯山脉到斯洛文尼亚、克罗地亚和塞尔维亚。

　　高加索蜂（A.m.caucasica）——高加索蜜蜂，在黑海和里海之间山区发现的蜜蜂，分布范围从南俄罗斯到阿塞拜疆。

　　意大利蜂（A.m.ligustica）——意大利蜜蜂，起源于意大利但被运到世界各地。

　　欧洲黑蜂（A.m.mellifera）——北欧和西俄罗斯的黑色欧洲蜜蜂。

卡尼鄂拉蜂

最后这种蜜蜂是不列颠群岛本地蜂，尽管它已经与进口的意大利蜂和卡尼鄂拉蜂广为杂交了。

每个亚种都展现出了它们各自发育的、以便在起源地存活的不同的特征。

卡尼鄂拉蜂颜色是略带灰色的，温驯易操作管理。抗幼虫病，尽管成虫更易感染麻痹病、壁虱（一种侵入气管的恙螨）和孢子虫病（一种成年蜂的肠道感染）。越冬性能好，消耗饲料少。春季建群快，但随后易分蜂。由于其分布广，它有许多能展示诸多变化特征的变异品种或品系。

高加索蜂看上去比卡尼鄂拉蜂大很多，也是温驯的，但分蜂性不强。蜂群易感染孢子虫病并常在冬季死亡。蜂群在春季发展不快，工蜂喜欢建造联结脾和采集大量蜂胶，使得蜂箱操作更难。

意大利蜂在腹部有黄色的条带，从亮黄色到皮革色不等，很温驯，产蜜量高，不过分分蜂，造脾性能好。但是，当被运到比原产地冬季更长、温度更低的地区时表现不好。它的以大群越冬倾向意味着它需要大量的冬季储备，给予蜂群额外的食物会快速刺激其育子而不是储存食物，对恙螨抗性低。

高加索蜂　　　　　　　　　　　　　意大利蜂

欧洲黑蜂是黑色的，体毛长，越冬良好，节省饲料，采粉量大。春季群势发展缓慢，但个体寿命长且更勤奋，可飞到更远的地方采集，制造巢脾能力强，封盖为白色。蜂群防御性强，可通过选择育种来克服它的凶悍特性。

欧洲黑蜂

在不列颠群岛有大量的蜜蜂是杂交的，大部分是来自新西兰和以前来自美国的意大利蜂血统的蜜蜂。然而，最近通过 DNA 技术的研究，证明了欧洲黑蜂的纯种蜂群在此地依然存在。

通过以上数据分析，购买非本地亚种的进口蜜蜂似乎是一个不错的选择，因为它们似乎提供了你想要的特征。可是，在这样做之前，请为未来想一下。在空中，蜂王与附近所有蜂箱的涌到雄蜂集结区的雄蜂们交尾，它们很可能是不同亚种或其杂交种。尽管远缘杂交可以产生杂种优势，但在蜜蜂中就可能导致坏的脾气往下遗传好几代。

如果你引进了一个纯种族的不同亚种到你所在区域，并且你的蜜蜂分蜂了，那么，仍然在蜂群里的处女王，当它交尾时将会发生远缘杂交。然后，你的非常温驯的、易于操作管理的蜂群就有可能变成杀人蜂了。可是，如果获得了某些当地蜜蜂（检查一下，蜂群无病又好管理），当你的处女王飞出去交尾时，它更可能与那些跟它有相似遗传学和相似脾气的雄蜂交尾，这就很可能使得由此产生的蜂群仍然是稳定的。

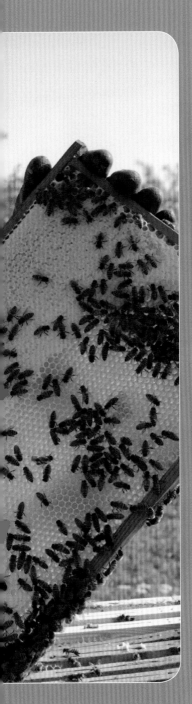

第二章

养蜂工具

选择蜂箱

英国的蜜蜂自然地生活在洞穴中，这可以保证它们免遭风雨，而留有一个小巢门可使它们能够护卫蜂群，特别是蜂蜜，免受作盗者（如其他蜂群的蜜蜂和胡蜂等）的袭击。

在非洲和亚洲的某些地区，蜜蜂仍被饲养在圆木蜂箱里，但是这种土法养蜂，多数管理任务是无法实践的或不可能进行的。在欧洲，人们采用一种不同的方法，即用草或者柳条编的蜂窝（也叫收蜂笼）来养蜂。

非洲的原木蜂箱

收蜂笼

多数收蜂笼是由双股的草绳编结而成的，呈现出带一个圆顶或平顶的篮子状，通常在底部开有一个巢门，或者在侧面切出一个口子作为巢门，或者干脆用一块板垫高造出一个巢门。一个柳

草编的收蜂笼

条编的收蜂笼与一个稻草编的收蜂笼是同样形状的，所以都明显留有大量的缝隙，很难像玻璃表面的真空镀膜那样无反射，所以必须涂抹泥巴和牛粪的混合物，才能使它既避盗蜂又防雨水。

尽管对于检查蜂子疾病和治疗瓦螨等来说存在诸多不便，但是某些养蜂人仍然爱用这种收蜂笼养蜂。现在，这种收蜂笼主要用于收捕分蜂团。一个编结得很精致的收蜂笼，既轻便又极其牢固，通常能够经得住一个男人站在上面。

活框蜂箱

在 1845—1850 年 间，齐从氏（Reverend Dr Johann Dzierzon）发现，蜜蜂在建造巢脾时专门在脾间留下一个固定的距离[⊖]，允许蜜蜂刚好在其中通过。之后，在 1851 年，朗氏（Rererend Lorenzo Lorraine Langstroth）发现蜜

按照固定蜂路建造而成的天然巢脾

蜂会在巢脾的边缘和洞穴内壁之间留下一个 6~8 毫米的空间。这些发现改变了我们饲养蜜蜂的方式，因为它促进了今天我们知道的活框养蜂的发生和发展。

蜜蜂在空的洞穴里面是从顶部向下建造巢脾的，这使得不毁坏蜂巢来检查蜂群是不可能的。正是朗氏通过引入巢框及其蜂路，才使得单个巢脾被移动、被检查和被替换成为可能。而当今所有的活框蜂箱，不管是何种设计，都是根据朗氏蜂路的概念来制作的。

蜂路

蜜蜂会在相邻两个巢脾之间，即在下部的育子区之间和上部的贮蜜区之间，留下一个或两个蜂路，巢框因此相应地被隔开一定的空间。这样，一个水平的蜂路也在一个箱体的上框梁与上一个箱体的下框梁之间被留出来了。如果这个距离比自然蜂路还大，蜜蜂就会建造联结脾。

⊖ 蜜蜂在建造巢脾时专门在脾间留下的固定距离，专业术语称为蜂路。——译者注

联结脾

内盖上的蜂胶

如果比自然蜂路小，蜜蜂就用蜂胶来填充。因此，弄清楚你的巢框和箱体是否正好合适，这点非常重要，因为这将使你的养蜂之路容易很多。

上蜂路（或下蜂路）蜂箱的设计

蜂箱被分为"上蜂路的"或是"下蜂路的"。上蜂路的蜂箱，蜂路在箱体上沿与上框梁之间产生，即下框梁是平齐于这个蜂箱的底部边缘排列的。下蜂路的蜂箱，上框梁与箱体的上沿水平，蜂路在下框梁与箱体下沿之间产生。

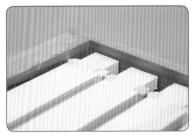

上蜂路（蜂箱）的上框梁（低于箱体上沿）

下蜂路（蜂箱）的上框梁（与箱体上沿齐平）

下蜂路（蜂箱）的下框梁

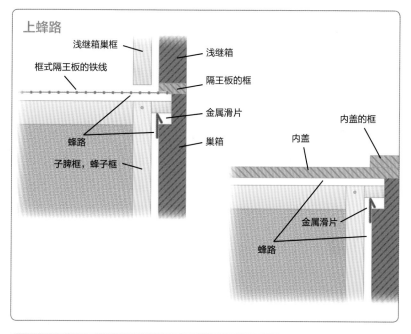

上蜂路

- 浅继箱巢框
- 框式隔王板的铁线
- 蜂路
- 子脾框，蜂子框
- 浅继箱
- 隔王板的框
- 金属滑片
- 巢箱
- 内盖的框
- 内盖
- 金属滑片
- 蜂路

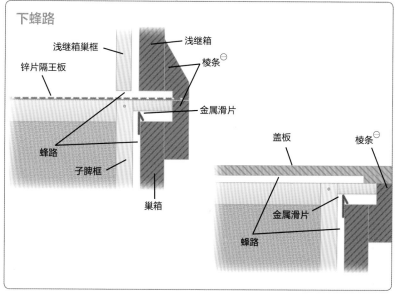

下蜂路

- 浅继箱巢框
- 锌片隔王板
- 蜂路
- 子脾框
- 浅继箱
- 棱条⊖
- 金属滑片
- 巢箱
- 盖板
- 棱条⊖
- 金属滑片
- 蜂路

⊖ 棱条在蜂箱中起箱体联结器的作用。——译者注不要将上蜂路蜂箱与下蜂路蜂箱混合使用。如果你把一个下蜂路蜂箱放在一个上蜂路上，将立即产生一个有两个蜂路宽的空间，然后蜜蜂就会用联结脾予以填充。而在另一轮箱体的叠加中，上部（即上蜂路蜂箱里的巢框的下框梁）将直接坐落在下蜂路蜂箱里的上框梁上，

作盗蜜蜂获得非法入口

由于没有蜂路而只有缝隙，蜜蜂将用蜂胶把它们黏合在一起。当你试图去分开箱体进行蜂群检查时，这两种情况都会令你头痛。

关于人造蜂箱，有两个重要的事情需要记住：首先，内部的尺寸必须正确；其次，蜂箱必须是严密的。换句话说，蜜蜂进入蜂箱的唯一方式必须是巢门。此外，蜂箱上的其他缝隙不能太大以免其他群的蜜蜂或胡蜂等能够出入。一旦作盗蜜蜂能够进入其内，它们将移走大量的甚至是全部的储存的蜂蜜，这将导致被盗蜂群挨饿。

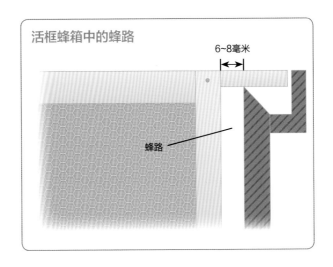

活框蜂箱中的蜂路

6~8毫米

蜂路

蜂箱的基本结构

现代蜂箱主要在巢箱和浅继箱的尺寸以及蜂路是上蜂路还是下蜂路上有所不同。关于上蜂路蜂箱和下蜂路蜂箱哪个更好，一直存有很多的争议。我必须承认，我不认为它是个多大的事。只要箱体之间有单个的蜂路，怎么排列都是一样的，至少蜜蜂是被考虑到了。

所有的蜂箱都由相同的部件组成，由下向上依次是：

- 箱底板或底板。
- 巢箱。
- 隔王板。
- 浅继箱（1个到多个）。
- 内盖或纱盖。
- 大盖。

箱底板

箱底板被放置在蜂箱基座之上，给予蜂箱一个舒适的工作高度，也起到了一定的防潮作用。几年前，它还是由实心木头制成的，是固定的。然而，随着瓦螨的出现，箱底板已经被改变成内嵌一块纱网，下配一个滑动装置的结构，使得人们每日检查螨的死亡率成为可能。那些自然死亡的螨、被蜜蜂抓咬而死的螨及那些被药物熏蒸离开蜂体的螨，都通过纱网落到可滑动的盘子里。这个盘子与纱网的距离要大到落螨不能

一块实心的箱底板

一块镶嵌有铁纱的箱底板

再爬回进蜂箱才行，从而减少了蜂箱内瓦螨的虫口数。更多的关于用瓦螨死亡率来确定何时治疗蜜蜂的内容，可在第六章里见到。

箱底板在三个边缘上都有棱条，当巢箱被放在其上时，第四个边缘就形成了巢门。多数市场上可买到的箱底板都是较深的，即棱条高22毫米。然而，我推荐你考虑使用较浅的箱底板，它大致就只有一个蜂路那么深（6~10毫米）。它有几个好处：蜜蜂较少在下框梁到箱底之间建造联结脾；对于老鼠来说，当秋季它们正在寻找温暖的地方打算越冬的时候，这个蜂箱巢门缝隙太小，根本钻不进蜂箱里。但是，深的箱底板还需要放有一个防鼠夹，以防止老鼠们进出。防鼠夹是一个被扣在巢门前的金属片，其上钻有10毫米的孔，以便蜜蜂仍能飞进飞出。

一个可反转的箱底板，上部深、下部浅

防鼠夹

防鼠夹安放位置

深的箱底板上也可安装一个巢门档，用来缩小巢门。它是一块木条，通常在中央处留有一个大约10毫米高和75~100毫米宽的缝隙或者凹陷，放在箱底板的第四个棱条处，作为蜂群一个能守易攻的巢门。如果天气非常热，你想要移走巢门档，可能因为太紧而变得不容易了。

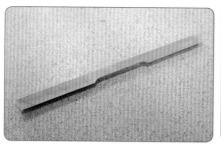
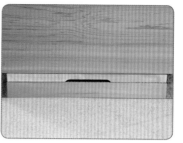

巢门档 巢门档安放位置

巢箱

巢箱安坐于箱底板之上，它是蜂王产卵的地方。用于饲喂发育中的幼虫的花粉和蜂蜜都被储存在这里。巢箱是一个含有巢框的深箱体，巢框挂在箱体内部两个对面箱壁上的一对滑槽之上。滑槽由一个窄的金属条或塑料条顺着长度弯过来而构成，这个唇形物在箱壁的厚处弯曲。巢框架在滑槽上，并且被定好位以便上框梁与箱壁顶部齐平（下蜂路蜂箱）或下框梁与箱壁的底部平齐（上蜂路蜂箱）。

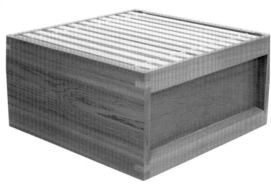

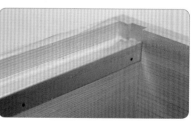

滑槽 滑槽安放位置

隔王板

接下来介绍隔王板。它是一个与蜂箱横截面等大的框式格子或是一片留有细长孔的金属或塑料。工蜂能通过其缝隙，但雄蜂和蜂王由于体型较大不能通过。

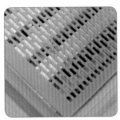

一个框式铁丝隔王板（左）和一个塑料的隔王板（右）

浅继箱

在蜜蜂活动的季节，采集工蜂会携带花蜜回巢并把它作为蜂蜜原料来储存。蜂群的本能是在巢箱之上储存蜂蜜。在一个天然的洞穴里面，这可以通过向下延长巢脾来实现，但是在蜂箱中的蜜蜂不能这样做。由此，一个被称为浅继箱的、额外的箱体，被放在了巢箱之上，向上延伸了子区（蜂巢）。浅继箱有与巢箱同样大小的横截面，但通常比巢箱更浅，因此要用浅的巢框来与其尺寸相匹配。

通常情况下，你需要为每个蜂群备 3~4 个浅继箱。因为花蜜大约含 40% 的糖和 60% 的水，而蜂蜜的含水量仅为 18%~20%，因而花蜜比蜂蜜需要更多的储存空间。当你添加一个浅继箱时，蜜蜂将用它来盛放刚采进的花蜜，然后它们会再外出采集更多的花蜜。在花蜜被转化为蜂蜜之前，这个浅继箱迟早会被装满，于是你就需要叠加另一个浅继箱。

内盖或纱盖

　　内盖放在浅继箱之上或者巢箱之上。在巢箱之上没有浅继箱时，它是一块平的板，与巢箱和浅继箱的横截面尺寸等大。通常在板子的 4 个边围有棱条，在板子的中间开有 1~2 个洞，作为饲喂蜂群时的进料口。它也兼作清理板，只要在洞中插进 Porter 脱蜂器（具体内容见第四章）——一种仅允许蜜蜂离开但阻止它们返回浅继箱的单向装置。

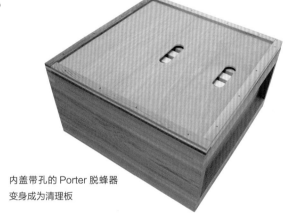

内盖带孔的 Porter 脱蜂器
变身成为清理板

大盖

　　毫无悬念地，大盖放在蜂箱的上部，它在每一侧的中上部都有通风孔，允许空气在蜂箱内流通，帮助保持蜂箱干燥，以及阻止霉菌生长。这些通风孔在内部是有纱网保护的，以阻止胡蜂或作盗的蜜蜂获得入口。大盖表面要覆盖一块薄薄的金属片或其他适宜防水的材料。

蜂箱大盖上的通风孔

为阻止作盗蜜蜂通过大盖通风孔进入蜂箱而设置的纱窗

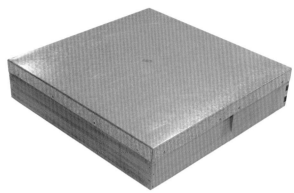

一个典型蜂箱的解剖图

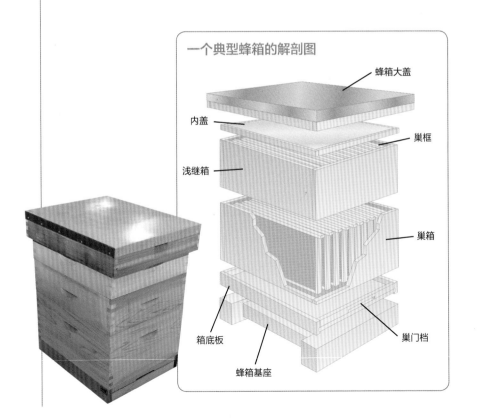

蜂箱大盖

内盖

巢框

浅继箱

巢箱

箱底板

蜂箱基座

巢门档

单层和双层箱壁的蜂箱

多数蜂箱是单层箱壁的，即它们是由单片的木板钉制而成的。它们有许多大小不同的类型，朗氏蜂箱是世界上最普通的单层箱壁的蜂箱。可是，英国的养蜂者使用一种更小的蜂箱，被称为改装的本地国民蜂箱或简单地就叫它为"本地箱"。其他单层箱壁的蜂箱还有史密斯蜂箱、商业用蜂箱和改装的达旦蜂箱。

朗氏蜂箱

改装的本地国民蜂箱

National Bee Supplies

商业用蜂箱

National Bee Supplies

达旦蜂箱

在较为寒冷的地区，你或许可以考虑使用一种双层箱壁的蜂箱。这些蜂箱的内层由不怎么牢固的板材制作的箱体，外围被一些小一号的逐个叠放加高的箱体环绕着，并支撑着屋顶式大盖。在英国，最著名的双层箱壁的蜂箱是 WBC 蜂箱，由威廉姆·布哈顿·卡尔（William Broughton Carr）在 1890 年设计。多数非养蜂人士把它认作是典型的蜂箱，因为有塔状结构和坡屋顶。蜂群由层层加高的箱体获得一些额外的避免风雨的保护，并且在严酷的天气里，绝缘物可以随时被放在加高的和内部的箱体之间。

然而，WBC 蜂箱也有一些缺点，因为它的双层箱壁的构造使得蜂群检查更耗时，在开始检查内部箱体之前，你必须得挪开屋顶大盖及多数的套叠箱体。如果用单层箱壁的蜂箱，你只要移走大盖就行。此外，如果你正在移走或替换套叠箱体的时候，一不小心敲击了内部箱体，你就打扰了蜜蜂，并使得接下来的开箱或换箱工作都不那么容易了。因此，想要把 WBC 蜂箱用带子安全地绑紧在一起，以便在旅途期间不会散开并且确保蜜蜂不会逃跑，就会比较困难了。此外，所需要的额外的木材也使得这样的蜂箱更加昂贵。

WBC 蜂箱

WBC 蜂箱的内部箱体

其他的蜂箱类型

在英国目前使用的大多数蜂箱是用西洋杉或松等木材制成的。经过适当处理的这些蜂箱，如涂上木材防护漆（确保它不会杀死昆虫的前提下）或者颜色，将可以使用许多年。如果在使用期间真的受到损坏，或者被啄木鸟啄出了许多的洞，仍可由木工手艺人轻松修复。

现在出现了用聚氨基甲酸酯或聚苯乙烯制造的蜂箱，大小如朗氏蜂箱。由聚苯乙烯制造的"本地箱"，最近也已上市，你不妨尝试着用一下。

其他的蜂箱设计类型包括上框梁蜂箱、长形的深箱、蜂巢蜂箱和沃尔（Warre）蜂箱。这些都是可用的设计，在你获得一些养蜂经验和学会操作的基本原则之前，我建议你不要尝试它们。因为这些蜂箱需要不同的管理策略，以及需要太多的养蜂书本理论以外的知识。

在 WBC 蜂箱中检查蜂群

选择一个蜂箱

记住蜜蜂群很乐意在任何一个适宜的洞穴中建巢，它可能是一个中空的树、一个烟囱或是一个像垃圾箱的任何东西。活框蜂箱主要是养蜂人受益，使得大规模的操作管理成为可能。

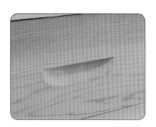

一个凹切（指扣）

你对蜂箱的选择完全是按照你自己的标准决定的。如果你仅是打算在花园尽头养一两箱蜂，那么WBC蜂箱或许非常合适。然而，如果你想要有一个更大的饲养规模，或是你正打算搬动蜂群去授粉，那么单层箱壁的蜂箱更适用。多数的单层箱壁蜂箱，在每个外立面都有被用来固定箱体的凹切（指扣、扣手）。这些凹切很必要但又不

在改装过的本地蜂箱上的棱条

是非常深，你仅用指头从底下扣住就能抬起箱体。当你的箱体充满蜜蜂和／或蜂蜜的时候，它是很难被搬起来的。改装过的"本地箱"与其他单层箱壁的蜂箱有着略微不同的构造，它在箱体的两个对立面上有多条的上下棱条，这就使得抬起蜂箱变得容易多了。

在选择蜂箱前，要考虑当地的气候和你要饲养的蜜蜂种类。如果你生活在这个国家的温暖地区，有更多产的蜜蜂（在活动季节能建造大群），你就要考虑使用较大尺寸的巢箱了。你可以选择使用一个"双巢箱"或"一个半巢箱"，即两个巢箱或一个巢箱和一个浅继箱叠加在一起，蜂王可以上下通行。在更寒冷的地区或是你的蜜蜂不怎么高产（但不是繁殖不快的），"本地箱"或WBC巢箱可能会给你的蜂群足够的空间。

与当地的养蜂协会会员们交流一下，你就会发现哪个是本地区最流行的蜂箱了。如果你也如法炮制，蜂箱可能更容易获得，说不定还能推升一个二手货市场呢。

一个双巢箱的蜂箱   在一个半箱体（巢箱＋浅继箱）里的
蜂群

不要混合蜂箱类型

当你决定蜂箱设计的时候，坚守住一条：所有的巢框都要适合所有的箱体，所有的箱体都要与防盗蜂的接缝匹配好，并与箱底板、内盖和大盖相匹配。非常肯定的是，如果你有一个混合的设计，当你急迫地需要某个部件的时候，你将绝不可能发现它是比较合适的。然而，值得注意的是，改装过的"本地箱"和 WBC 蜂箱使用相同大小的巢箱和浅继箱巢框，所以这两种类型可以一起工作。史密斯蜂箱也使用同样大小的巢框，但框耳较短。史密斯蜂箱的巢框可以轻易地用在"本地箱"或 WBC 蜂箱内，但是如果你想要把后两个蜂箱的巢框用在史密斯蜂箱里，你将不得不缩短巢框的框耳，以使得它们相互匹配。最好是如我先前说过的，不要将上蜂路的蜂箱部件与下蜂路的蜂箱部件相混合。

上蜂路蜂箱有朗氏蜂箱、达旦蜂箱和史密斯蜂箱，下蜂路蜂箱有"本地箱"、WBC 蜂箱和商用型蜂箱。

暖蜂路和冷蜂路

"本地箱"是方形的，所以可以使巢框平行于巢门（暖蜂路）或与巢门呈适当的角度（冷蜂路），将巢箱放在箱底板上。暖蜂路有许多优点，主要的一点是，当你在检查蜂箱时你就站立在箱后，保证不阻止巢门口的活动。蜜蜂经常不愿意将靠近蜂箱巢门一侧的那个巢脾造好，所以，以暖蜂路排列巢框意味着仅有一个巢脾受到影响。而以冷蜂路排列巢框，将有很多巢框的前面框角不被造好。

子区略呈球形，尽管某些蜜蜂喜欢一个高的延长的形状。每张巢脾的

暖蜂路的巢框

冷蜂路的巢框

检查下蜂路（带有与箱体平行巢框）蜂箱的蜂群

暖蜂路蜂群里的子区

子区外侧都有一圈巢房里含有花粉，剩余的巢房被用来储蜜。所有巢脾分割了这个球体，在暖蜂路的巢框，子脾格式是对称的，子区在中间；而冷蜂路的巢框，子区通常是在巢框上朝着蜂箱巢门一侧的，花粉储存在上，蜂蜜则储存在靠近蜂箱后部的地方。

　　冬季在子区周围形成蜂团，蜜蜂通过消耗它储存的蜂蜜来维持蜂群的温度。随着蜂蜜被吃光，蜂团自然地向上移动到有更多蜂蜜储存处。如果侧向移动就不自然了。如果这样做了，就意味着跨过了巢框间的一个沟壑。在冷蜂路巢框上的蜂群，即使有蜂蜜储存在子区两侧，可能在冬季也会因此挨饿，这叫作孤立饥饿。一般的原则是，当你饲喂蜜蜂越冬时，不管是哪种蜂路的巢框排列，都应该在蜂团之上有蜂蜜储存。

冷蜂路蜂群里的子区

一个死于孤立饥饿的蜂群

巢框和巢础

正如前面描述的那样，蜂路的发现已经使得在箱内移动和替换巢框成为可能。把这些巢框装上一片蜂蜡（即巢础，详见下文），既鼓励了蜜蜂在巢框内去建造它们自己的巢脾，又给养蜂者管理蜂群带来便利。

巢框

巢框适合于不同蜂箱设计的巢箱和浅继箱，其各个部件通常被分开出售，以十个一装的形式。如果你使用的是"本地箱"，就很不方便，因为它要容纳十一个巢框，但我确信，不久你就会为那些过剩的部件发现一个新的用处。如果你是养蜂团队的成员，你可以发起团购，以使它超划算。

一个现代的巢框由一个上框梁、两个侧边框和两个下框梁组成。每个侧边框都在上、下端部被留出 1 个或 2 个细长的缺口，以便与上框梁上的两个沟槽和两个下框梁的端部进行嵌合。上框梁下还有一个可拆装的楔条，用来确保巢础片不会窜位。侧边框有 3 种主要的类型，但所有的类型在里面都有一个槽，以便巢础片能被嵌入。

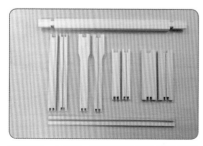

巢框部件：上框梁、不同的侧边框样式和下框梁

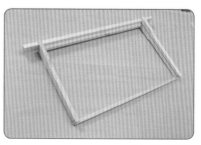

一个组装好的巢框

巢框距离夹

第一种类型的巢框，有笔直的窄窄的侧边框，被命名为 DN1（深窄型）或 SN1（浅窄型）。这些侧边框被以正确的距离宽度来安放，这就是距离夹。最常见的距离夹是塑料端头的，可以在框耳上滑动，端头在蜂箱内相互顶着，给巢脾留出了空间。在巢箱里，巢脾间需要有两个蜂路，所以可用窄的塑料端头。在浅继箱里，仅仅需要一个蜂路，巢框可以被隔开得更宽，如果需要，可用宽的塑料端头，以便蜜蜂增加蜂蜜巢房的深度。

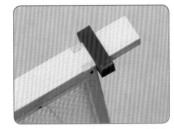

一个窄型的塑料距离夹（卡）

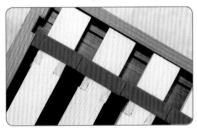

已经就位的窄型的塑料距离夹（卡）

宽型的（白色）和窄型的（蓝色）塑料距离夹（卡）

自带蜂路的巢框

自带蜂路的巢框或霍夫曼（Hoffmann）侧边框，使养蜂变得容易很多，主要是在巢箱。从经验来看，我更愿意推荐这些而不是塑料端头的距离夹，但是所有的都可以工作。霍夫曼侧边框底部是与 DN1 /SN1 侧边框等宽的，但它上半边是加宽的，以便巢框有正确的距离。这个上半边缺口处的一个边条是平的，另一个边条是去角的，这使得它与邻近巢框仅有一个狭窄的接触点，缩小了蜂胶化现象。使用内面带槽的可以嵌进巢础的侧边框，就能很好地匹配邻近的巢框。

某些养蜂人在浅继箱里使用曼丽（Manley）侧边框。这些侧边框

霍夫曼自带蜂路边框

靠接在一起的霍夫曼巢框

是等宽的，给所有的巢框都留出相同的空间。当箱体被移动时，特别是当用交通工具转运蜂群去进行授粉或采蜜时，曼丽侧边框可以阻止巢脾晃动。

城墙型距离夹

巢框也可以用城墙型距离夹来隔开。这是一些平的金属长条片，其上带有方形的缺刻以适合放进框耳。城墙型距离夹上有 9 个、10 个或 11 个长孔，这取决于蜂箱类型以及你是打算用窄的还是用宽的巢框距离夹。把它们钉在箱体内侧，以确保正确放置框耳，无论是在上蜂路的蜂箱里，还是在下蜂路的蜂箱里，将它摆放正确很重要，否则将会有联结脾或蜂胶化的问题。

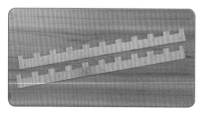

城墙型距离夹

安放完毕的城墙型距离夹

尽管某些养蜂人喜欢在巢箱里使用城墙型距离夹，我还是奉劝大家不要使用，因为它会使操作更加不便。

在浅继箱里使用曼丽或霍夫曼巢框，当你用一个放射型的而不是切线型的摇蜜机的时候，你会做得更好。因为这些边框的宽度不足以让巢脾在切线型的摇蜜机笼子里站稳，于是，在取蜜期间巢脾发生断裂的概率更大。

宽窄上下框梁

上框梁和下框梁，不管是标准的（窄的）还是宽的，都是可行的。我推荐你使用宽的那种，尽管略微昂贵一些，但它可以使切除联结脾、反复进行蜂群检查和操作等都变得更容易。

宽（上）和窄（下）的上框梁　　　　宽（左）和窄（右）的下框梁

组装巢框

正确地组装巢框是非常重要的。组装巢框时必须保证是方形的和平整的，否则，蜂路就会受到影响，导致养蜂过程比实际困难很多。如果你要组装很多巢框，可能就值得花时间来制造一个夹具，以保证能以正确的角度将上框梁、侧边框和下框梁组装在一起。如果你没有一个夹具，那么，你就需要使用一个三角定规来检测角度，并最终把巢框部件精确地钉在一起。

在你开始组装巢框前，请检测一下你手边已有所有的部件和工具。你将需要一个锤子、一把手工刀、一个夹具或三角定规、一把钳子（移除弯钉子），你还需要到五金店购买一些钉子。

首先，我推荐一个练习。请把巢框的 5 个部件（上框梁、2 个侧边框和 2 个下框梁）拿出，并把它们组装在一起，确保侧边框的槽朝向内侧，因为这些槽随后将容纳巢础。如果你是使用霍夫曼巢框，当把它们放进蜂箱时，也要保证垂直的边缘被正确地对接好。

组装巢框的工具

上框梁下附带着一个薄的木片，这就是楔。拆下楔，但不要丢掉这个楔，因为你将需要用它来固定巢础。然后，用你的工具刀将多余的木片刮掉。

下一步，将两个侧边框推进到上框梁上，用三角定规确保它们与上框梁呈现正确的角度，然后保证每个边框有两个钉子从侧面被钉进上框梁。

显示边缘的上框梁

确保巢框是方形的

拿一个下框梁，将它推进到无楔侧的对面的侧边框底部的槽里，确保每个末端都是与侧边框外部的边缘相齐平的，即巢框底部以及顶部呈方形。下框梁能使巢框正直并将巢础片限制在一个垂直的平面上，不承受任何重量，所以用钉子钉的时候不能像钉侧边框那样。每个末端都要从下而上地钉，以便钉子尖指向而不是穿过侧边框的长边。当几年后你想要替换巢础时，这将使得你移走下框梁更容易些。

你可在任何时候组装巢框，并把它们储存在巢箱或浅继箱里（确保楔仍存在）。但是，我建议你，此时巢框里不要嵌进巢础，除非你想要把巢框马上放进蜂箱里。蜂蜡确实是有可塑性的，但是单片的蜡制巢础却很容易发生弯曲。一旦发生弯曲，你将无法再把它们展平，如果你直接把它们放进蜂箱，蜜蜂们就会建造弯曲的波浪状巢脾。对于蜜蜂来说，这不算什么问题，因为只要保证巢脾间有一个正确的距离就行了，但却使养蜂操作更加困难，特别是如果你想要在蜂箱内移出一个巢框的位置或者将巢框移到不同的箱体里去，在那里它的外形与其他巢脾的外形就不匹配。

钉住下框梁

巢础

将空的巢础放进蜂箱里，允许蜜蜂在它们喜欢的任何地方建造巢脾。然而，这常会导致建造的巢脾纵横交错而不是相互分离地在巢框之内。所以人们不得不设计（想）出一种方式，来促使蜜蜂到养蜂人想要它建巢房的地方去建造巢脾，这种解决方案就是将一片巢础放进一个巢框里。

巢础是一片蜂蜡，被裁成巢框大小的尺寸。它的每一面都有被压制出的六角形巢房的壁阶，作为与蜜蜂天然建造巢房时相同的样式，被提供给想要准备造巢脾的蜜蜂。蜜蜂将使用蜂蜡来延伸这些已经凸起的巢房地基，于是巢脾就在巢框内被建造成了。

嵌线巢础

在英国，巢础通常是以埋线的形式被售出的。嵌线巢础在巢箱和浅继箱里比较坚固，并且在摇蜜时不会垮塌。最普通的嵌线方式是一条铁丝以垂直的"之"字形式被埋进蜂蜡里，在上边缘的每个拐角处带有一个较大的环，而在下边缘的是一个个较小的环。另一种嵌线方式是将6~7个波浪线垂直地埋进巢础片内，让其各自在每一侧的末端略微伸出。

在巢框里的嵌线巢础

非嵌线巢础

非嵌线巢础也是可以买到的。某些养蜂人更愿意把2~3行的铁丝放在巢础外面而不是埋进里面。把一片未埋线的巢础插入巢框后，略微加热铁丝就可使它嵌入巢础。如果你想要生产切块的巢蜜，可使用薄的非嵌线巢础，这

切块的巢蜜

样整个巢脾的断面就能被切出来。然后，蜂蜡和蜂蜜就可以直接放到面包或吐司上，连同蜂蜡一起吃掉。

最容易获得巢础的方式是从设备供应商那里购买。当你已经养过一段时间的蜜蜂后，并且从巢房封盖或巢脾中采集过蜂蜡或熔化过蜂蜡（由于某种原因），你将能够用它部分地交换新巢础，甚至用它制造出自己的巢础。可是，直到这时，你的蜜蜂才得以在你所提供的巢房地基上建造巢脾。

储存巢础

在使用巢础之前，要保持它的平整和水平。把你的巢础放在一个略大点的平板上，再用另一块板压在上面，也可以在上面放上小的重物。把它放在一个温暖的但不是太热的地方。放在太冷的地方它将会变得很脆，太热的话它会开始熔化。如果条件允许，最好储存在一个有恒定温度的通风橱里。

安装巢础

假如你想使用嵌线巢础，并已经把巢础片小心地镶进侧边框的沟槽中了，这时你可能需要略微修剪一下蜡片，以使它整齐和水平。如果你的巢框略微挣脱了，那么巢础将不能向

把巢础嵌入巢框中

上顺利地嵌进去。马上弄弯上面凸出的铁丝／大环，以便让它们以正确的角度嵌入你已经移走了楔的上框梁里。如果你能握紧上框梁，进而让侧边框向上指，那么，这种镶嵌巢础的操作要容易得多。

把楔放上去，现在它将盖住铁丝环和整张巢础的上部边缘，要确保这个楔被压进已钉有3个框梁的上框梁，可以通过但不是必须通过铁丝环。

把楔钉上

最后，安装第二个下框梁，确保巢础落进沟槽中，并像先前介绍的那样固定。

一个装好了嵌线巢础的巢框

塑料巢框和巢础

塑料巢础经常被一些养蜂人安装在塑料巢框中。将印有巢房基凸花的塑料片浸在蜂蜡液中，以涂上一薄层蜂蜡，使它更吸引蜜蜂。但是，有一些蜜蜂不愿意在塑料巢础上建造巢脾。

如果有必要，塑料巢框和巢础可被灭菌并重新涂上蜂蜡层。木质巢框里的巢脾也可以被替换，并且比较好的方法是每两到三年更新巢础以减少疾病的风险。

塑料巢框和巢础

建在塑料巢础上的巢脾

翻新巢础

在将巢础重新嵌入巢框之前，首先要将旧的巢脾切下并包装起来，以防止蜜蜂发现它，并把它处理掉。可以把它烧掉并将残渣拿去堆肥。取下楔，清理掉上面的蜂蜡。刮出沟槽中的蜂蜡（你可以去买一把手持的清淤工具，会使这项工作更容易些），拿下一个下框梁，把两个下框梁上的蜂蜡刮掉。在你重新使用这些巢框部件之前，必须把它们充分灭菌。可以使用一盏喷灯来轻轻烧焦木制表面，也可以使用一种浓的苏打水（碳酸氢钠水溶液）来漂洗它们。如果你有一个'Baby Burco'型水浴锅，那么，整套的巢框都可以在煮沸的苏打水中被清洗和消毒。

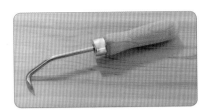

巢框蜂蜡清理钩

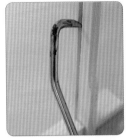

清理侧边框的沟槽

巢框灭菌装备

一旦你的巢框干净了，就可如先前介绍的那样，插入一片干净的巢础了。

购买造好的巢脾

当你要去购买蜜蜂已经造好的巢脾时一定要非常小心，因为巢脾可能是疾病的一个来源。在你购买小核群或一满箱蜂群的时候，你要非常仔细地检查它们。我强烈地劝告你不要购买造好的巢脾和巢框。如果你必须要买二手巢脾和巢框，那么，在把木制的部件灭菌之后，一定要用新的巢础替换巢脾。

组装蜂箱和巢框

　　你可以购买一个已经组装好的蜂箱，里面带有组装好的巢框和巢础。这肯定是最快的开启养蜂生活的方法之一，但也是最昂贵的方法之一。

　　多数养蜂人因此购买未组装的蜂箱和巢框部件，换句话说，打包购买所有的必需部件。根据你所选择的蜂箱设计，卖家会准确地锯切好大小尺寸和形状的蜂箱部件，当然也包含匹配的滑槽或城墙型蜂路、足够多的钉子和说明书。一个最新制作的 DVD 还可以带领你看一下一个蜂箱是如何组装起来的（见 www.bee-craft.com/shop）。

制作你自己的蜂箱

　　如果你熟悉木工技术，你可能会考虑自己制作并组装所有的蜂箱部件。有关 WBC、朗氏和其他蜂箱部件的设计，可以在蜜蜂资源网站（www.bee source.com/build-it-youself/）找到。或者，英国养蜂者联合会也出售有关 WBC、改装的"本地箱"、史密斯和朗氏等蜂箱的设计（见www.britishbee.org.uk）。然而，要必须保证内部的尺寸正确以及箱体是方形的，我建议你不要进行这种自己制作蜂箱的尝试，除非你能非常熟练地使用锤子和锯子。否则，它可能更昂贵或许还更耗费时间。除了生产木制的部件以外，你还需要一些 50 毫米长、2.7 毫米粗的镀锌钉子，来把它们组装起来。不过，在钉之前，你要先用防水胶来强固一下连接处。最后，你还需要钉上一对巢箱滑槽和一对浅继箱滑槽或城墙型蜂路，蜂箱的

蜂箱颜料

整个制作才算完成。

早先，人们用西洋杉木头来制作蜂箱，因为它不弯曲也不需要保护剂，可是很贵。今天，多数蜂箱都是由松木制成的，它很耐用，特别是如果你用保护剂处理过后，但一定要确保该保护剂无杀虫剂成分，否则，将危害到你的蜜蜂。你也可以买蜂箱专用颜料，或者亚麻仁油也可以。

你的蜂箱在使用过程中可能会受到多次的碰撞，所以至少需要用19毫米、最好是22毫米厚的板材来制造。之后，板材到底该多厚真就不是一个大问题，因为它的内部尺寸才是关键的，尺寸必须准确，以保证蜂路。

组装

不管是制作你自己的蜂箱还是组装一个平装蜂箱，你都必须明确，所有的箱角都是90°的，整个的物件最后是方形的。每个侧壁在拐角处都必须是齐平的，所有的箱体部件都需要组装在一起，并且在每一个接缝处都不能有任何的缝隙。特别是单层箱壁的蜂箱，你需要能够互换所有的箱体部件。一个夹具或一根紧箍带，可以用来保证箱体在用钉子钉在一起之前是方形的。在拐角处预先钻出钉子的位置，将会把木头开裂的概率降到最低。如果你正在组装一个"本地箱"箱体，我建议你先组装带有棱条的那两个箱壁，然后再把它们连接到其他的两个侧壁上。仔细正确地安装棱条，不要在侧壁的底下留有蜂路。

确保箱体是方形的

确保下蜂路是正确的

安装滑槽或城墙型蜂路

随着箱体被组装完成，你还需要安装滑槽或城墙型蜂路。对于"本地箱"而言，这些东西可以装在带有棱条的侧壁上。在其他类型的蜂箱上，可用镶嵌接合法将它们安装在两个相对的箱壁上。

为了保证滑槽或城墙型蜂路安装正确，在把它钉到蜂箱侧壁上之前，可先在箱体的一端固定住一个巢框，再根据是上蜂路还是下蜂路来调整一下位置。此时，不要将钉子一下子敲进，因为当你把巢框移动到箱体的另一端来摆正滑槽的时候，你可能需要做进一步的调整。你也可以把巢框放在城墙型蜂路中的一个凹型孔里，重复上述步骤。当这个滑槽／城墙型蜂路彻底摆正、所有的巢框也要放好后，再把它牢牢地钉到箱体侧壁上。在对侧箱壁上，重复上述步骤。

你也必须确保箱底板、内盖和大盖都是方形的和平直的，这些部件的任何弯曲，都将导致出现缝隙，这样你的蜂箱将不能再防蜜蜂作盗了。铁纱箱底板可以从蜂具供应商那里买到，但如果你想要造自己的蜂

上蜂路

带有可移动插板的铁纱箱底板

铁纱箱底板的网格

蜂箱，你将需要黑的、环氧树脂涂层的铁纱（每25毫米8目的）。这个铁纱能够阻止内勤蜂移走蜂螨，但也阻止它们清理箱内积累的其他垃圾。这可是蜡螟的一个繁殖基地，所以，即使你不监控蜂螨水平，也有必要拿出盘子进行定期清理。

用纱网盖住大盖上的通风孔以阻止蜜蜂的非法进入。用金属的或其他防水材料保护大盖，确保大盖向下盖在箱体侧壁上，然后钉起来。

一个组装完成的改装版"本地箱"

选择场址

蜜蜂用已经被发展了好几千年的进化标准来选择巢址，包括洞穴的体积、大小和巢门开向。它们不喜欢在邻近其他蜂群的地方选择一个巢址，但却喜欢选择位于地下多达 3 米深的洞穴。从它们的视角来看，蜂场是完全非天然的。

避风的荫蔽处

有种说法，蜂场必须建在对蜜蜂造成最小危害和麻烦的地方。最重要的标准之一就是避风的荫蔽处。当比其周围的空气移动还快时，蜜蜂能在控制之下自主飞行；当飞进风中时，蜜蜂尚能轻易地着陆。符合逻辑的说法是蜂箱不能安置在面对狂风的地方。一个厚篱笆会让风速在 40 倍于篱笆墙高度的距离处沿着地面减弱下来。

用篱笆保护的免受风害的蜂箱

被冷风吹落下来的蜜蜂将不能复苏也无法成功返回到蜂箱中去，因而与蜂群走散。一只体温跌落至 9~10℃的蜜蜂，若不能有效地移动以提高体温，将会死去。

遮阳的荫蔽处

在秋季、冬季和春季，如果蜂箱暴露于太阳之下，蜂群可以受益。

蜂箱上的一个小量升温，就可能造成冬团内幸存的蜜蜂或者飞出去的和能够排泄的蜜蜂之间的差异。然而，在夏天，对于同样位置的蜂群来说，可能就过热了。实践表明，蜂场场址应由一些在冬季才落叶的落叶树来遮阴。

即使在英国本土，蜂箱如果无遮阴，其内部升高的温度也足以使一个强壮的蜂群较早地开始分蜂准备，甚至比正常的月份更早地发生分蜂。这样，正常的蜂群检查将变得毫无价值。

在落叶地区放置的蜂箱

朝向

如果让蜜蜂选择，它们将选择一个巢门面向南面的蜂巢。如果你

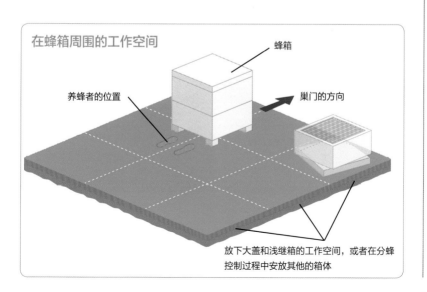

在蜂箱周围的工作空间

蜂箱

养蜂者的位置

巢门的方向

放下大盖和浅继箱的工作空间，或者在分蜂控制过程中安放其他的箱体

的蜂场场址能很好地遮蔽风的话，实际上这不是很难的事，你可以以适合于你现状的朝向将蜂箱摆好。

然而，上述所有的建议都仅仅是推荐，它们必须要适合于你自己的实际环境。运用一下你的常识吧！

蜂箱排列

在你的蜂场里，蜂箱排列很重要。正常的重复的排列可能会困扰到蜜蜂，随之而来的可能就是它们进入到错误的蜂箱里。迷巢是传播疾病的主要途径之一。

当检查蜂群时，你会掀开大盖并把它朝上放在蜂箱的一侧。然后你再搬动浅继箱，并让它落座在翻转的大盖上。因此，在蜂箱周围你需要有足够的空间来做这件事并继续你的检查。作为一个常规规则，你需要让每个蜂箱有一个九倍的蜂箱占用空间，尽管这不是一个绝对的尺寸，因为并排饲养两箱可以减少所需要的全部空间。确保你的蜂场场址大到足以容纳你计划饲养的蜂群最大数和你留给分蜂群蜜蜂暂住的箱体数。像其他生物一样，蜜蜂也遵循着墨菲定律⊖，几只蜜蜂就可能同时决定分蜂。

在一个只有两个蜂箱的蜂场，它们间隔0.6~0.9米并排排放着，朝

操作暖蜂路（左）和冷蜂路（右）的蜂箱

⊖ 墨菲定律即如果事情有变坏的可能，不管该可能性有多小，总会发生。——译者注

向一致。你必须要有空间站立以便蜂箱内的巢脾与你的身体平行。也就是说，对于暖蜂路排列的巢框，你是站在蜂箱后面的，而对于冷蜂路排列的巢框，你是站在蜂箱侧面的。这样，你的手能自然地移动到框耳。如果你仅能站在冷蜂路蜂箱的后面，

一个巢门向内、大圆形摆放的蜂群

你会发现，越过蜂箱上面伸手去抓取前部的框耳极其不便，而要举起巢框将会更为艰难。

更大数量的蜂箱及其蜂箱基座能够以许多种方式排列，这打破了同一性的外貌。你拥有的蜂箱数越多，预防迷巢的工作就显得越重要。一种方式是以一个大的圆形来放置蜂箱基座，使所有的巢门向外或向内，我认为这样做将迷巢减少到了一个令人满意的最小值。另一种有利的排列方式是以 8 个蜂箱为一组，呈现方形放置，每一侧面放两个蜂箱，巢门向外，中间留一个方形场地。把蜂箱基座放到足够远，以便你能进入中间的方形场地，并能很容易地操作蜂箱。记住：你也需要空间来放置要被检查的蜂群的大盖和浅继箱。

蜂箱基座设计

蜂箱基座必须是坚固的。一个加有全部浅继箱的蜂箱重量在 100 千克以上，所以蜂箱基座要很坚固、稳定，足以让你最胖的朋友站立在上面。

它有许多种不同的设计方式，最简单的方式之一是将两个坚固的方形横木支撑在水泥块上。此外，你可把一个方形的木框固定到 4 个坚固的支柱上。把这些支柱放在平砖或者平板上，可以防止支柱腐烂。某些蜂箱基座专门用于安放单个的蜂箱，而其他的基座可能要容纳 2 个或

一个水泥块和横木组成的蜂箱基座

一个特意建的蜂箱基座

2 个以上并排的蜂箱。我发现把两个蜂箱放在一起工作很好。这需要一个大约 1.5 米长的蜂箱基座，因为你得把蜂箱放得既有一段距离又要彼此相邻。然后，你就可以从不同的方向来面对你的"双胞胎"蜂箱基座，或者你可以在其周围种植一些小型灌木，给蜜蜂作为路标，使得每个位置都看起来不一样。

你的蜂箱基座从前向后和从左到右都必须是水平的。在水平蜂箱里的蜜蜂，在垂直的巢框上建造垂直的巢脾。而如果蜂箱是严重倾斜的，巢脾将是垂直于地面的而不是垂直于巢框的。如果你的蜂场场址是有遮蔽的，除非是在十分恶劣的天气里，否则，雨水将不会吹进巢门。某些养蜂人会略微倾斜他们的蜂箱，以促使被吹入的雨水能够流出巢门。如果你也想做到这点，可在蜂箱后缘下方放进一个 5 毫米的石块。

蜂箱基座的一个保护支柱

垫起蜂箱后部

蜂场场址

蜜蜂可被饲养在各种地方，这使得养蜂成为一个大众都可享受的活动。最明显场所之一就是你家的后花园，你可以把它修饰一下，让蜜蜂的生活容易些，让邻居们的生活舒适些。每个人都有权享受他们的财产，通常来说，在属于你自己的地上，你把蜜蜂放置到哪里都可以。但是，你的蜜蜂和你的养蜂活动一定不能干扰了你的邻居们在他们自己家里的权利。也就是说，小小花园可不是只要你有最美好的意愿就可以随便养蜂的最好的地方。

市民的菜园很好，但你需要确认一下是否需要许可才能把蜜蜂搬到那里。某些市民的菜园欢迎蜜蜂去，而另一些则严格限制进入或者干脆就禁止定地放蜂。

蜜蜂也可以被养在平坦的屋顶上，实际上在伦敦及其他大城市，这正变得越来越流行。那里有几个宾馆现在已经在屋顶安放他们自己的蜂箱了，并在酒店提供他们自己采收的蜂蜜。屋顶蜂场意味着蜜蜂要在邻居们的头上飞来飞去。可是，这里的缺点就是有风，你需要用盆栽植物、竹帘子或相似的东西来给蜂箱遮挡。观察蜜蜂并决定你是否需要提供进一步的屏蔽，来让蜜蜂飞进飞出容易些。你需要特别注意的事情之一就是要有足够的空间。用有蜜蜂的蜂箱占满所有的空间是无益处的，因为你要来回地走动，要能摸得着蜂箱，而不是脚踩着屋顶边沿去检查蜂群。

外场地蜂场

许多养蜂人在离家很远的地方养蜂，这叫作在外场地放蜂。它们

阻止家畜进入的蜂场

可以是农田、果园或属于其他人的闲置的土地。如果你能使用田间的一角，可以搭建一个篱笆来防止家畜和家禽进入蜂场。你饲养的家畜、家禽必须远离蜂箱。

因为必须得去外场地蜂场，所以你很需要一个运输工具来往于蜂场。从长远考虑，将每种东西都用独轮手推车或蜂箱专用手推车搬进搬出是不可行的。考虑一下你的运输工具是否适宜于运输蜂箱。我一度选择特定的运输工具，因为在后备厢里可容纳6个蜂箱。

认识你的潜在的东家会有所帮助，建立关系是确保你停留在那片土地上最好的方式之一。如果关系融洽，这些努力都将是值得用黄金来衡量的。你可以提议用蜂蜜或其他双方都同意的东西来付租金。任何场地都要改善一下，特别是如果你与东家关系密切时，你可以获得许可来种植或搭建防风林等。

如果你打算单独去外场地蜂场，带上你的手机并开启它。即使是温驯的蜜蜂，你也可能偶尔被蜇，至少会导致你有一个过敏反应。在极其罕见的病例中，这种过敏反应可能是致命的。如果你对蜇针反应过度了，出现呼吸困难、大量起红疹子、红肿，你就必须尽可能快地获得帮助。

水

蜜蜂需要水。侦察蜂将要搜寻有适宜资源的地区，然后返回去招募其他的采集者。尽管你和我都知道蜜蜂仅仅是喝水，并没有主观恶意，可是不会养蜂的邻居们却不懂得这种状况。他们所看到的是大量的蜜蜂围着他们的池塘周边，或者在一个潮湿的地方、在一个滴水的水龙头下，

一个水源

于是可能就被吓到了。你可以在蜂箱附近，但理想的是与蜂箱有一小段距离的地方，给蜜蜂提供水来避免上述情况出现，因为蜜蜂自然地会在离家有点距离而不是离家非常近的地方寻找水。

在一个浅容器里，水在晴日里很快就变温热了。可是，为了让蜜蜂不至于淹死在比较深的容器里，你必须给蜜蜂提供着陆的地方，以利于它们喝水。这些落脚点可以是露出水表面的石头或者是木质的漂浮块。另一种方法是在一个小提桶的底部钻几个洞，用泥或土填满它，将这个空的提桶立在一个更大的不会透水并且装满水的容器里。这样，水就被泥土吸上来到达泥巴的表面，蜜蜂就能安全地着陆并喝水了。

木质的浮标帮助蜜蜂不被淹死

蜜蜂正在从漏水的龙头上喝水

最重要的而且需要记住的事情是，一旦蜜蜂从你提供的水源之一开始喝水，你就必须确保这个水源不能干枯。要时不时地检查一下，如果需要就及时加满。

当你建立一个新水源的时候，为了鼓励蜜蜂使用你提供的水源而不是你邻居家花园里的水源，你要在水中装上诱饵。一开始用1:1的糖水混合物装满你的新水源，让它在蜂群的上框梁上细细流下，以鼓励蜜蜂狩猎到它的来源。一旦它们发现这个水源，你就要持续用水加满它。

这样加水几次之后，这个溶液就变得越来越稀，直到全部变成水。只要你保证它是满的，蜜蜂就会继续到那里去喝水。

邻居们

有时邻居们不是像你那样喜欢你的蜜蜂，你要意识到这一点，并且要记住他们有权欣赏他们的花园就像你欣赏你的蜜蜂一样。你需要考虑到这点，特别是如果你想要在家养蜂时。如果你与邻居们的关系不紧密，在你安置蜜蜂前要跟他们说一下，并告诉他们你想要当一个养蜂人的令人兴奋的计划。解释一下你需要每七天打开蜂箱查看蜂群，特别是如果你的工作模式是不可避免地发生在周末的时候。

问题可能在春天和分蜂时间发生。由于冬季蜜蜂被囚禁在蜂箱内，它们身体里的废物积贮在直肠里。在第一个晴朗的春天，它们将从蜂箱里蜂拥而出，排泄便溺，但不幸的是，黄褐色的粪便可能到处掉落。晴朗的天气，对于人们来说也是清洗的好天气，如果你的邻居刚刚洗过的白被单被蜜蜂的排泄物点缀了，你将不会受到欢迎。

一个离开蜂箱的分蜂团可能在任何地方结团，可能是在你邻居的

当你决定在某处饲养蜜蜂时，请考虑一下你的邻居们

将蜂群面对篱笆以确保蜜蜂往上起飞并远离邻居们

花园里，更糟糕的可能是在你隔壁邻居的烟囱里或壁炉墙上。最好的解决方案是采取措施预防和控制你的蜂群发生分蜂。可是，你也不可能总是能成功地预防分蜂团的逃离并事先收回分蜂团。

任何高过头顶的篱笆将使蜜蜂从人们的上方飞过，从而减少潜在的接触或冲突。一个高的篱笆也将把你的蜂箱藏在视野之下，如果你的邻居们不能看见蜜蜂，他们往往意识不到蜜蜂在那里。这或许很好地解决了想象的而不是实际的某些问题。

如果确保总是饲养温顺蜜蜂，那么你与邻居们的问题也可以减少。至少当你在蜂场周围走动时，即使你不戴蜂帽，也不会被蜜蜂所打扰，也即没有蜜蜂围着你的头在嗡嗡叫，这样，它们就不会打扰到你隔壁的人们。你需要饲养那种当你检查蜂群受到单只蜜蜂行刺后不会追出很远的蜜蜂，以及关闭蜂箱之后并没有跟随你的蜜蜂。

如果接到来自邻居的蜜蜂惹出麻烦的暗示，我奉劝你，尽可能快地把你的蜜蜂搬到其他地方去。你当地协会的成员可能会帮助到你，即使仅仅是给予你的蜂群提供暂时的留宿。蜜蜂与邻居的麻烦很像一根折断了的蜡烛，无论你怎么做，它都不能完全被修复好。

防护服

对于养蜂者来说，有一些工具是必需的。首先是面网，这个是被设计来保护脸部不被蜜蜂蛰到的。如果你没有它，我奉劝你，不要走近一个敞开的蜂箱。

面网

它有不同的设计款式，最简单的是一个黑色纱网在顶部用橡皮筋扎在一起。黑色使你视物清晰。纱网从带帽沿的帽子顶端贯穿垂挂下来，刚好落在肩上。两条带子从腋窝下穿过，在背后绑紧。

一般常见的新款都是在帽子和纱网等处革新。这里，将纱网缝到棉质帽子的宽沿上，在下巴水平处再把一个金属的或是硬塑料的环镶嵌进纱网，以使得纱网远离面部。带子或橡皮筋仍然需要，将纱网固定在腋下。

这种类型的面网，都应该保证从底部边缘到肩膀顶上是防蜜蜂的。如果纱网仅仅在肩膀上和上臂的上部，这就产生了缝隙，蜜蜂就能从这

一个舍利夫面网

一个简单的帽子和面网

个缝隙进入到面网里去。

所有这些面网，通常与普通的棉质工作服一起穿戴，可以保护身体的其他部位免受螫针、蜂胶和其他脏物的袭扰。

40多年前，玻利·舍利夫（Brian Sherriff）设计制造出来一种新型的面网，今天所有的这类面网都称作舍利夫面网。它是个一体化设计的面网，纱网本身变成一个新型的头罩而不是一个圆筒，头罩前面的黑色纱网由两条硬的半圆形的拱形界面来支撑着，以保证它远离面部；头罩的后面是布料的，并且带有拉链连在一件夹克上或者工作服上，因此，头罩能从面部向后翻起，当清洗工装时，头罩还可以完全拆卸下来。现在的面网有许多不同的款式、材质和颜色的款式，你可以寻找最适合你的那一款。

舍利夫面网，其所提供的最好防护，在某种程度上也不全是好的。因为有了全面的防护，你就意识不到你正在检查的蜂群的性情，就不会采取通过更换蜂王的方法来消除蜂群的坏脾气。

手套

我建议你戴上手套，以防手被蜇到，特别是当你刚开始学习养蜂的时候。这种手套可以是一副简单的洗碗用的橡胶手套，也可以是一副长的可保护前臂的皮革手套。一些养蜂者喜欢戴一副薄的一次性乳胶手套，或戴两副，以保持手和手套干净、无蜂毒的持久气味，否则，这气味能够挑起下次检查蜂群时蜜蜂的一个应激反应。

半长筒靴

某些蜜蜂专门袭击脚踝区域，因此也叫咬人蜂。穿戴橡胶的威灵顿（Wellington）靴，可以提供此种保护。这种靴子也能提供良好的控制力，以便你在搬运带有巢框的繁重箱体时不会打滑、滑倒。

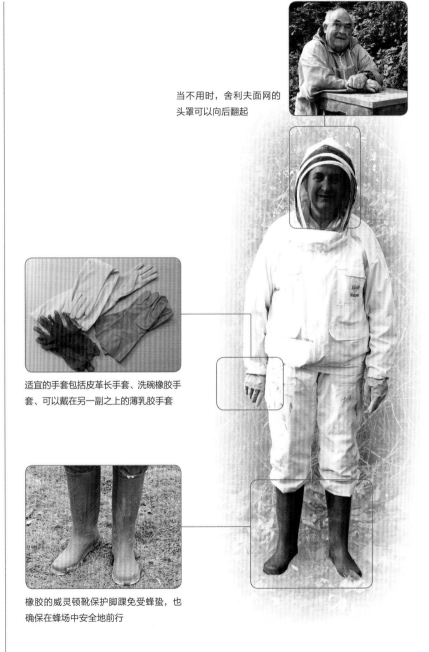

当不用时，舍利夫面网的
头罩可以向后翻起

适宜的手套包括皮革长手套、洗碗橡胶手
套、可以戴在另一副之上的薄乳胶手套

橡胶的威灵顿靴保护脚踝免受蜂蛰，也
确保在蜂场中安全地前行

喷烟器、起刮刀和蜂群记录卡

除了防护服，你还需要两件其他的必要工具：喷烟器和起刮刀。

喷烟器

喷烟器被用来控制蜂群里的蜜蜂。在野外，蜜蜂常在中空的树里和其他的洞穴中筑巢。当森林发生大火时，烟雾提示蜜蜂应该弃巢，改去它处发现另一个更安全的洞穴。在离巢之前，蜜蜂们吸饱了蜂蜜，为飞行提供能量，也为能够产生用以建造新家的蜂蜡。

喷烟器的使用，诱引了蜜蜂们相同的本能反应。当一只蜜蜂吃饱后，它就较少能弯曲起腹部来使用螫针。喷烟器的温和使用，也能用于驱逐蜜蜂离开巢脾上的某一区域，使得蜂群检查更为容易一些。

喷烟器由带喷嘴的燃烧室和风箱组成。在燃烧室底部的那个烤网，允许通风孔向上推进燃料并从喷嘴排出烟雾；装有弹簧的风箱，在底部

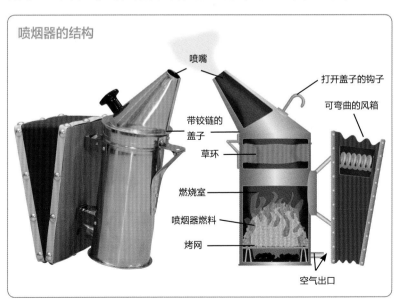

喷烟器的结构

- 喷嘴
- 打开盖子的钩子
- 可弯曲的风箱
- 带铰链的盖子
- 草环
- 燃烧室
- 喷烟器燃料
- 烤网
- 空气出口

有一个孔和燃烧室底部的一个短管连接，负责以相反的方向排出空气。

当选择喷烟器时，确保风箱从喷嘴里产生一股强烈的气流，也要确保风箱的扩张不致太大，以便你的手能很舒适地操作它。一旦你决定用喷烟器了，我的建议是买最大的那种。宽筒的喷烟器是最容易点燃的，检查期间可持续燃烧很久。只要把喷嘴塞住一小会儿，就能完成熄灭，并将未烧完的燃料保全下来，这样，燃烧不完全的燃料下次更易点着。一个较大的喷烟器比较小的喷烟器也更易保持燃烧，你最不愿意发生的事情就是在你需要喷烟器的时候发现它已经熄灭了。

点燃喷烟器

点燃喷烟器和保持它燃烧着是很容易说但通常不容易做到的事情。点燃后真实的测试是：把喷烟器放在一边并保持静止，如果它正在适当地燃烧中，30分钟后要仍然能够产生烟雾（图示说明如下）。

1 撕下一片报纸，大小约为一张报纸的1/4或一张小型报纸的一半，松松地捏皱，拿着它在打开的喷烟器上方点燃下部，边插入到桶内边轻轻向风箱里吹气。

2 继续轻轻吹气并开始分撒木刨片。一开始不要放太多，这时你需要看看火焰。

3 添加更多的木刨片并保持吹气，目的是在烤网上建立一床红热的燃烧残余。添加更多的木刨片并保持吹气。

4 把木刨片填满到桶顶，但不要压实，不一会儿你就可以制造出大量的烟。

5 放置喷烟器 10 分钟，吹气看看是否仍在生成烟。

一旦每次你都能做到这些，你就成功了。我知道有一种大的喷烟器，也像这个一样装满，然后点燃，放置 1 小时后仍在燃烧，期间不用吹气。

如果你正在使用蓬松的燃料，如水榆木刨片或莱利柏叶子，你可捡一些长的草缠绕成环状放在燃烧室顶部，这将帮助阻止成片的冒着烟的燃料通过喷嘴被吹进蜂箱。

破棉絮　　　松明子丸　　　水榆木刨片

干的莱利柏叶子　　　朽木

喷烟器的燃料

大量不同的燃料都可以在喷烟器里工作良好，但是你要寻找一种能产生凉爽烟的燃料，同时也需要是干燥的。可能的燃料有：有专利的烟丸、机械性水榆木刨片、干的莱利柏叶子、朽木（你可以用手指压平的那种）、非常腐烂的黄麻宽松短外套、起皱的厚纸板、干的松叶。

如果你选择麻布衣，要确保它没有被用来储存一些能放出有毒烟雾的东西；如果你使用厚纸板，要确保它没有被用起火延迟剂处理过。我建议你从用木刨片开始，有了经验之后，再尝试其他燃料。

不要在第一次打开蜂箱时才第一次试着点燃喷烟器。事先要实践一下，确保你打开蜂箱前就已经学会了正确使用喷烟器。

安全地熄灭喷烟器

在检查蜂群后，为了熄灭喷烟器，可用固体塞（一个凸缘的软木头）或草绳堵住喷嘴，也可以在燃烧室底部盖住洞，用青草也行。喷烟器放在一边，也会让它更快地熄灭。

可是，你需要小心。燃烧室仍会热上一阵子，所以，不要放在可以熔化或者容易着火的东西上。某些养蜂人常备有一个马口铁罐子，以防止事故发生。

用草塞熄灭喷烟器

起刮刀

第二个你需要的必需工具是起刮刀，在检查期间，用它可以做大量的工作。

起刮刀有两种类型：标准的和"J"形的。两种都有好的一面，在决定你要买哪一种之前你可以都试用一下。标准的起刮刀在一端有一个扁平的边缘，在另一端向上弯起。两端在同一个面被斜切成薄片。"J"

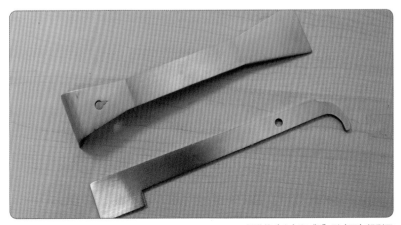

标准的（上）和"J"形（下）起刮刀

形起刮刀也有一个扁平的薄片末端，但另一端是在同一个平面弯曲的，呈现出它特有的"J"字形状。

每种类型的薄片末端被用于在蜂群检查期间分开箱体。标准类型的起刮刀薄片末端可用来刮掉上框梁、隔王板和箱体上的蜂蜡和蜂胶。"J"形起刮刀带钩的末端适用于撬起框耳，以便你能握住框耳，特别是你将第一个巢框拿出箱体时。用标准起刮刀，或许使用弯曲端来做这项任务最容易，但你必须确定哪一种操作模式最适合你。

用起刮刀清理上框梁

清理隔王板

松动第一个巢框

用"J"形起刮刀撬起框耳

无论你选用哪一种起刮刀，因为你将会频繁使用它，为了不浪费时间去把它捡起来和寻找它，你必须学会在蜂群检查期间始终把它握在手里。同时，将起刮刀用一条绳子挂在你的腰带上是有用的，因为这样即便你把它随便放置，你也可以很容易地找回来。

保持你的起刮刀清洁以便减少疾病传播的风险，特别是蜂场之间。起刮刀上的蜂蜡和蜂胶要刮掉，再用专业的厨房表面清洁剂清洗它，也可选择性地用一种浓的苏打漂洗溶液刷拭它。

养蜂工具箱

只要你继续养蜂，你就要积攒其他的小工具和器具，保证每样东西都集中放在一个养蜂工具箱里，绝对是一个好主意。在这种情况下，不是给蜜蜂一个家，而是给所有的与蜜蜂相关的工具

养蜂工具箱

和器具一个作业存储容器。这个容器应该是坚固的，如果喷烟器也打算放进去，还需要由防火材料制成。工具箱需要一个手柄来提起它，把它分成几个区也很有用，以便你能容易地找到你想要的东西。

蜂群记录

一个最终的必需的工具是你的蜂群记录卡，从开始就养成记录的习惯。起初，仅有几个蜂群时，在每一次蜂群检查时，你可能还会记得

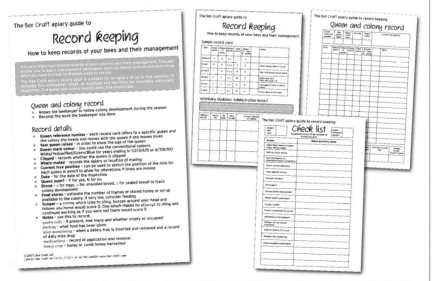

《蜜蜂工艺》蜂群记录卡，包括关于系统的备注以及用于记录给你的蜂群用药情况的空格

住在每个蜂群里你看见了什么和你做了什么。然而，随着时间的推移和蜂群数量的增加，清晰记忆就变得比较困难。

记录不仅仅是上次你看过了蜜蜂并检查了什么，而是当你想要回过头来看看某一群的性能或是在季末比较一下蜂群以便做下一季节的计划时很有用。

蜂群识别

某些养蜂人总爱数一数每套的蜂箱数，然而我建议你给每个蜂王一个编号，这不是必须要强加给它的体力活，尽管你可用一块胶或颜料将编号圆片粘在它的胸部上。

一个编号的蜂王

给蜂王编号是给蜂群中最重要的蜜蜂做一个记录，它能赋予它的蜜蜂以形态特征：温驯性、强烈的护巢性、分蜂性或节省越冬饲料的能力。当你规划未来饲养管理蓝图时，你就要评估这些特征。例如，如果你的蜜蜂特别能防御（从我们的角度来说就是攻击性），你可能就希望改变蜂群性状，使其更温驯些，蜂王就是实现这种改变的关键。

钉有蜂王识别号标签的蜂箱

实际上，蜂王在哪个特殊的箱体里并不重要，因为是蜂王本身引起了你的兴趣。例如，如果它率先领导的一个首次分蜂团让你给捕获了，那它在哪个蜂箱里定居都将仍是同一只蜂王。

可是，如何做好记录取决于你自己，系统将会适应你的现状。例如，你可以简单地做好你每次到蜂场的日记。你可以手写记录你所看到的和你所做过的，不过没多久你将发现用现有的蜂箱记录系统之一是更容易的、更快的。不然，你就设计一个你自己的记录系统。

《蜜蜂工艺》的蜂场指南

英国养蜂协会（www.beecrafe.com）的官方杂志《蜜蜂工艺》提供了一个记录卡，作为全套蜂场指南的一部分。你给每个蜂群使用一个卡。卡的正面有空白，可以记录你每一次到蜂场的活动。其背面是一年中所需要的一般管理任务的一个列表清单，它有两个用途：辅助回忆和记录已完成的任务。

蜂场指南可以作为养蜂工具箱的一个有用的补充。它给予关于蜂子（卵、幼虫、封盖子）发育阶段和蜂王、工蜂、雄蜂各发育阶段的图示和描述。也有关于成虫主要疾病的症状和治疗方法以及目前在英国尚未发现的外来疾病的全套解释。还有描述分蜂过程、分蜂控制的一种方法以及如何收捕和过箱一个分蜂团。

所有这些，除了记录卡以外，还可被制成薄板利于保持它们的干净，也适合于制成活页装订在一起。

《蜜蜂工艺》蜂场指南

第三章

蜂群饲养管理

获得蜜蜂

我所知道的许多养蜂初学者，为获得第一个蜂群而一度陷入绝望。我曾经就是，有一年的秋季，我从养蜂培训班的一个老师那里购买了一个蜂群。现在回过头来看，那可能是我最犯傻的一次。我仅仅参加了一半的讲座，并且没有任何的检查蜂群的实践经验，就要照管一个蜂群。课程分为两个实践部分，计划在接下来的四月份进行。那年冬季特别差，中途时我不得不说服一个养蜂朋友迎着寒风检查我的蜂群，看看有没有足够的食物可以持续到春天。但春天是一年里蜂群最易染病和更可能饿死的时间。直到完成了理论课程，参加了实践部分，并跟着一些由当地养蜂协会组织的蜂场实习，我才搞懂了。

有大量的获得第一个蜂群的方法：你可以从可靠的供应商、有名的设备供应商或你当地养蜂协会的某些人那里购买蜜蜂，或者通过收集一个分蜂团来获得一个自由的蜂群。

购买蜜蜂

如果你决定购买蜜蜂，你需要做的第一件事情就是保证你的蜜蜂没有主要疾病。这个我们将在之后的章节里讨论，但有 4 种显著的蜜蜂疾病，即美洲幼虫腐臭病（AFB）、欧洲幼虫腐臭病（EFB）、蜂箱小甲虫（SHB）和小蜂螨（Tropilaelaps），你得格外留意。蜂箱小甲虫和小蜂螨在英国还没有被发现，我们希望这种状况能持续下去，但是假如你知道或者怀疑你的蜜蜂受到这几种显著疾病之一的感染，你有法律义务报告给有关政府。至于是哪一级政府，这取决于你住在哪里。

实际上所有在不列颠群岛的蜂群都被瓦螨感染了，这个我们也将在随后详细讨论。然而，你需要保证，你买的任何蜜蜂都在适当的时间被治疗过瓦螨。

小核群标准

尽管英国颁布的《小核群标准（BS 1372）》是在 1984 年起草的，但它仍然给予你买蜜蜂时期望买到怎样的蜜蜂一个好的参考。你需要首先询问卖家，明确他出售的小核群是符合该标准指南注释中的 B14 条款的，这个可从英国养蜂者联合会网站（www.britishbee.org.uk/files/nucleus-leaflet-2009.pdf）上下载。如果有疑问，我劝你到别处去买。

该条款的主要内容是：

■ 小核群应含有蜜蜂、蜂子、食物和一个当前的或先前季节的在英国饲养的蜂王。

一个做了标记并且被剪掉翅膀的蜂王

■ 蜂王在小核群里已经产生了所有时期的蜂子。

■ 蜂王应该被用标准的代表出生年代的颜色来标记（惯例见后）。

■ 如果还没有剪翅，卖家应该应你的要求给蜂王剪翅。

■ 小核群应该有被申明的巢框数。

一个 5 框的小核群

■ 巢框应是用楔子或钉子坚固地钉在一起的并保证是牢固的，但是不需要是新的。

■ 巢脾应是完全造好的，不是巢础。

■ 当没有任何额外的食物进来时，应有足够的食物帮助蜂群维持至少两周。

在一片巢础上造好的巢脾　　　　　一个食物巢脾（蜜粉脾）

■ 至少总巢脾区域的一半含有各个时期的蜂子(卵、幼虫和封盖子)，有至少 30% 被封盖了，有 15% 是雄蜂子。

■ 不应含有带虫王台（任何发育期的）。

■ 巢框上覆盖满了蜜蜂，年轻的内勤蜂和年老的飞翔蜂 / 采集蜂之间要有一个良好的平衡。

■ 在适宜条件下，当由一个有经验的养蜂者操作时，蜜蜂应是温驯的。

■ 蜂子和成年蜂应是健康的，在任何发育期都没有疾病征兆。

■ 成年蜂没有明显的磨损翅症状（有残翅病毒的）。

■ 几个显示白垩病的巢房是可以接受的，因为它的存在依赖于天气条件。

■ 卖家应该告诉你什么样的处理已经被用过了以及什么时候被喂过药了，包括治疗瓦螨。他 / 她有法律义务保存这样的记录并把它们准备

有残翅病毒的工蜂　　　少数几只死于白垩病的幼虫是可以接受的

好提供给你。

　　■ 确保所有已进行的治疗都是合法的，因为一旦你购买了蜜蜂，你就要对在蜂蜜或蜂蜡中发现的任何不合法的物质负责了。

　　当你购买时，你的小核群应该可以扩展，这依赖于有足够的蜜蜂存在和蜂王的日龄。大量的马上就要羽化的封盖子将为蜂群提供哺育蜂和内勤蜂，一个老蜂王有较低的产卵率，将不能很快地产卵以快速扩展现有的小核群。

检查小核群的健康

　　如果你有任何的关于蜂子健康方面的疑问，请联系你当地的蜜蜂检察官（RBI），他将给你忠告。蜜蜂检察官们（RBIS）由政府的国家蜜蜂单位（NBU）雇佣，来检查他们地区的蜂群是否有法定的必须申报的疾病的征兆。

　　每个蜜蜂检察官都有一组覆盖他们本地区的季节性蜜蜂检察官们（SBIS），所有的 RBIS 和 SBIS 都是有经验的养蜂者，非常乐意提供养蜂各方面的帮助和建议，不仅仅是疾病方面的。

　　在英格兰和威尔士，蜜蜂检察官们的职责是免费给养蜂人服务，细节可查 NBU 的蜜蜂数据网站：https://secure.fera.defra.gov.uk/beebase/public/Contacts/contacts.cfm。

　　你的小核群将被以一个标准的小核群蜂箱、一个邮寄蜂箱或一个非返回的暂时性容器给邮寄过来，你要知道什么器具是需要还回去的，或者可用对等的新东西来替换的，如果有的话，如巢框和巢础。

　　你是肯定要走由收件人付款方式的，特别是从商业性供应商那里购买的时候。这样，除了购买本地服务，还可以减小运输给你的蜂群带来的伤害。

运输蜜蜂

　　对于运输来说，要用纱盖来替代内盖和大盖，这是一个外围尺寸与箱体等大的盖在箱体上防蜜蜂的纱网。可以到供应商那里购买捆绑蜂箱的带子，将箱底板、巢箱／小核箱和大盖牢固地叠加在一起，以防在万一遭受的事故中箱体错开移位。必须关紧巢门，可以用一个金属滑片或一个适宜长度的泡沫橡胶（像在沙发垫子中发现的一样）给封住。

确保运输时蜂箱上盖的是纱盖

封闭巢门

确保箱体在运输车里被适当地支撑着不能移动。在运输期间，你需要保持蜜蜂凉爽，因此不要把它们滞留在闷热的车里或暴晒在太阳之下。为了帮助它们在旅途中保持凉爽，你可以往纱盖上间歇性地喷水或淋水。

如果你的小核群受热，巢脾就将垮塌脱离巢框，多数蜜蜂就会死亡。你不仅损失了先前的蜂群，也将有一堆可怕的垃圾要清除，所以要小心地照管好你的购入品。

小核群过箱

除非你的小核群充满了蜜蜂，它能在小箱体里生活一段时间，否则随着它的扩展，必须要进入到标准的蜂箱里。

在蜂场的某个地方，把你的小核群安置好，打开巢门，让蜜蜂飞出来，在纱盖上加个大盖，保护它免受天气影响。蜜蜂将定向并学习新家园的方位，在起飞离开蜂箱去更远的区域采集之前，它们将开始以上升的圆圈形式飞行，以渐渐熟悉蜂箱的常规位置。

在接下来的一到两天里，确保你的所有蜂箱部件都在。你需要一个箱底板、一个巢箱、一个内盖和一个大盖，你也需要有足够的巢框填满巢箱。牢记：要把巢框从小核群中都转移出来，如果你是初学者，这些巢框是要嵌上巢础的。

点燃你的喷烟器，戴好面网和防蜇手套，你还需要有一把起刮刀（见第二章有关防护服和养蜂工具的介绍）。

向巢门内喷烟

把小核箱搬开放到一侧，在这个位置上再放一个箱底板和巢箱，保持新巢门与原来的是同一个方向，不要在里面放置任何巢框，轻轻地向小核群巢门喷烟来使蜜蜂安静。对于一个小蜂群，特别是温驯的蜜蜂，这或许不必要，但这不会伤害你却能给你带来自信。

打开小核箱的大盖和内盖，如果你感觉有必要，对着上框梁喷少量的烟。用起刮刀轻轻撬起第一个巢框（靠在箱壁的最外面的巢框）的左框耳（如果你是右撇子），然后是右框耳。如果你发现这样操作很容易，请握住每个上框梁的末端（在内部与侧边框连接处），特别是如果你用的蜂箱是短框耳巢框。

移动第一个巢框可能很难，你可以在最外的巢框侧边框和箱壁之

用标准起刮刀撬起第一个巢框

握住上框梁抬起巢框

间滑动起刮刀的宽末端，来获得非常少的可操作空间。将巢框向外垂直地轻轻推在一起，尽量不要碾压或挤压到蜜蜂。蜜蜂会很快地恢复安静，并且当移动巢框时，有大量蜜蜂能幸免于碾压，碾压越少越好。

把巢框推离箱壁，使移动变得容易

如果你想让巢框是以暖蜂路（巢框平行于箱前壁）摆放的，就把巢框及其上面的附着蜂转移到巢箱前部。如果你想让巢框是以冷蜂路放置的（巢框与巢门呈90°角），就转移到蜂箱一侧。然后，以相同的方式转移剩余的巢框及其附着蜂。不仅要以同样的顺序来放置巢框，而且还有

从小核群中移出巢脾

必要与邻近蜂箱保持同样的朝向。巢脾表面不是绝对水平的，蜜蜂将在巢脾之间沿着其长度调整相邻的两个表面，并给出一个适当的空隙（在

同时移动两个巢脾

向标准巢箱转移时，小核群的巢框必须在相同的对应位置

子区上两个蜂路）。

当所有的小核群巢框都被放进巢箱后，还需要用备用的巢框填满箱体。在暖蜂路的蜂箱内，它们应该排在小核群巢框的后面。在冷蜂路的蜂箱里，把小核群巢框移向中间，就在巢门后面，用巢框填满两侧的空间。当全部被填满后，靠拢巢框，并留出恰当的蜂路。如果用霍夫曼巢框，这种操作可以从箱体的一侧一次性完成。如果使用距离夹，要确保每个巢框与邻近的巢框都被夹紧了。

加进额外的巢框填满巢箱

装满巢框的巢箱

抖进剩余的蜂

如果在巢框内不平整，巢脾的面就不平行了

盖上内盖和大盖，你就有了你自己的第一个蜜蜂群了。

把内盖放上

盖上大盖

收捕一个分蜂团

你也可以通过收捕一个分蜂团来获得蜜蜂。分蜂是蜂群繁殖的一种方式，分蜂团将离开蜂群去找寻一个适宜的能在那里建立新巢的洞穴。

一个分蜂团栖息在树上

在分蜂发起之前，侦察蜂一直在找寻新巢址。分蜂团离开，然后在离原群不太远的地方结团。可能在高大的树上、低矮的篱笆墙上、篱笆柱上或蜂王"决定"落下的其他地方。在这点上，侦察蜂们"宣传"了这个它们已经发现的位置。最终蜂群"决定"了最好的那个位置，分蜂团飞到那里，接纳了新家园。

分蜂团可以在任何地方结团

养蜂人通常称正在结团的是分蜂团，是目前收捕它们最好的时间，因为一旦已经进入了洞穴，它们就很难被移走了。例如，如果分蜂团已经通过一块花砖进入了洞穴墙，这个墙就必须被拆下来，才能将蜜蜂拿出来。在许多情况下，这样的措施是不可行的和/或不经济的，唯一明智的选择就是杀死这个蜂群。

收捕分蜂团是很有趣的，但也是非常有挫折感的。它们必须可以很容易地被触碰到才行，否则它们会分散开来，给收捕带来真正的难题。

收捕分蜂团的装备和工具

下面是一个收捕分蜂团所需要的基本工具清单。毋庸置疑，随着经验的增长，清单里的物品还会再增加一些。如果你准备收捕分蜂团，

当有电话打来时，这些装备和工具就要提前准备好。

- 一个坚固的容器，如一个坚固的纸板盒或一个收蜂笼。
- 一片疏松编织的材料，如一块旧的床单。
- 一小块木头，用于抬高容器的边缘。
- 坚固的线绳。
- 修枝剪或砍柴刀。
- 鹅羽翅或蜂刷。
- 喷水壶。
- 喷烟器、燃料和火柴。
- 面网和紧身裤。

　　收蜂笼对于分蜂团收捕很有用，因为它们坚固又相对较轻便，粗糙的内面也使得蜜蜂附着其上更容易些。不过，分蜂团几乎能被任何容器收捕。你可用废弃不用的巢箱或小核箱做成分蜂团收捕箱，箱底板必须牢固地钉在箱子上，箱体有通风的盖子和关闭巢门的机制。分蜂团收捕箱很重，如果分蜂团悬挂在离地面有点距离的地方，应用时会很困难。一个硬纸板的箱子必须足够坚固，足以承受重达 4~5 千克的分蜂团的

重量。

你收捕到的分蜂团通常离你家或蜂场有一些距离，这意味着你将不得不把蜜蜂运回来，这里需要采用与运输小核箱相同的标准。镂空的编织布可用于覆盖容器的开口侧，所以编织物必须足够密实，以阻止蜜蜂逃出。布要盖在开口处，并且要足够大以盖住容器的侧边，你必须保证能用线绳扎紧容器口（双股绳或是有弹力的跳簧塞子）。

如果你被叫出去收捕分蜂团，要尽量快地赶到那里。因为在你到达之前的几分钟里，分蜂团有一个去往新家的起飞习性。

用布盖紧容器

收捕分蜂团理论

为了收捕分蜂团，你需要一次性转移蜂王和尽可能多的蜜蜂到你的容器里。收捕蜂王基本上是一个比较容易的操作，因为分蜂团里的蜜蜂想要随它一起。由于它可能在分蜂团的中间，如果你将大多数的蜜蜂都弄进了你的箱体里，那就很可能已经包括了蜂王。

一个合作的分蜂团

收捕分蜂团

收蜂笼里的分蜂团

典型的分蜂团常以规整的团悬挂在一个有一人肩高的树枝上。在树底下，首先摊开你的布，准备好接受蜂箱，然后抬起容器以便它处在分蜂团的周围，对着树枝猛击，将所有的蜜蜂震落进容器，摇晃箱体使

支起收蜂笼，为蜜蜂营造一个巢门

蜜蜂落入箱底，然后盖上布，小心翻转，放到地上，支起一个边，临时制造一个巢门。

　　大量慌乱的蜜蜂飞来飞去找寻分蜂团，在容器周围的蜜蜂将开始发送一种信息素吸引飞行的蜜蜂，这种信息素来自其腹部末端的纳莎诺夫腺，工蜂将弯下最末腹节暴露臭腺，然后扇动翅膀传播气味，这个气味被空中的蜜蜂感觉到了，它们就落下来加入到伙伴当中。然而，蜜蜂从它们身体的其他部位也能产生信息素，其中之一就是足，这种足迹信息素在分蜂团悬挂的地方将继续吸引蜜蜂返回到那里。所以，你可能需要再一次抖动树枝，甚至向那个地方喷烟，以遮蔽那个气味。

纳莎诺夫腺

　　你会看见蜜蜂围着你的容器扇动翅膀，其他蜜蜂降落下来加入进去，这个现象几乎可以肯定蜂王在里面，所有的分蜂团成员将要及时加入到它这里了。你将不得不等待到傍晚，那时在你移走支撑物之前蜜蜂已经停止飞行了，用布包起容器，确保没有蜜蜂可以逃跑出来，然后就可以把它带回蜂场了。在运输途中，用楔子固定箱体以防止它倒下来，向上掀起覆布给蜜蜂通风。

在难收捕场所的分蜂团

不幸的是，分蜂团不会总是降落在理想的场所。然而，不管它们在哪里，目的仍是让蜂王和所有的蜜蜂进入容器里。你将不得不估计各种情况并确定一种最好的收捕分蜂团的方式。

如果分蜂团的位置非常高，你将需要一个梯子。你必须要保证攀爬时梯子的稳定与安全，它也必须得保证你非常容易地够着分蜂团。你可能会思忖着，要用多大的力才能让分蜂团突然落进你正试图用一只手支撑的箱体，以及这个分蜂团将会有多重。

地上的蜜蜂是相当容易处理的，因为你可以把容器放在它们的上面，让它们爬进容器里。相似地，如果它们散开在篱笆上，这时你只需在它们上面平放一个容器，它们将向上移动进入到该容器。若是在分蜂团下面喷出少量的烟，使它们向上移动，你就可以把它们快速地驱赶进容器了。当它们分散在一个

保证收捕分蜂团时的安全

这可能是一个二次起飞的分蜂团

门柱上或一个墙壁上，你可以用鹅羽翅或一束草把它们刮进容器里。一旦蜂王在容器里了，剩下的蜜蜂就会跟进去。

如果一个分蜂团跑进了烟窗或空心墙里，最好不要尝试去收捕它。因为要移走它们通常可能需要一个樱桃采摘机去到达烟囱的顶部去操

作，或者聘请一位建筑工人来移走部分的砌砖。这两个都不值得推荐，特别是对于一个初学者来说，不仅是费用问题，而且也是危险的，并且保险是不给理赔的。

给分蜂团过箱

最好是傍晚时分给分蜂团过箱，因为此时蜜蜂更可能待在蜂箱里了。如果在一天的中间给蜜蜂过箱，它们就可能决定去找寻一个不同的新家了。

如果你在白天已经收捕了分蜂团，就把它放在要过继的蜂箱旁边，用一块比容器大一

飞行中的蜜蜂加入到收蜂笼

点的板子盖好，翻转容器使它倒扣在板子上。垫起边缘给蜜蜂搭建一个临时巢门，让它们飞，直到傍晚，你就可以把它们转移进蜂箱了。

你可以用两种方式给分蜂团过箱，你可以让蜜蜂爬到垫板上，抬起垫板，在巢门前让蜜蜂滑下或者直接抖动蜜蜂进入巢箱。

熟悉并尝试操作一个分蜂团

给分蜂团过箱或许是最令人兴奋的事了。把蜂箱放到它最终的位

给蜜蜂一块板让其向上爬

这块布阻止蜜蜂在板下聚集

置，移走巢门档，给蜜蜂最大的进出空间，找一个至少像你蜂箱那样宽的板，长度应是可以用它搭在巢门上垫起一个30°的斜坡，用一个旧床单或是其他的布盖住板并悬垂至两个侧边，最理想的是垂落到地面，这样可以防止任何迷路的蜜蜂（特别是蜂王）困在板下或在板下结团。

在傍晚伊始，当蜜蜂已经停止飞行时，倒转带有分蜂团的容器，放在板上猛击一下容器，使得所有的蜜蜂都被震出来了。

蜜蜂将自然地向上爬动，它们也会找寻一个黑暗的洞穴，所以它们开始爬到蜂箱里。如果你幸运的话，你可以看见蜂王在工蜂背上跑动。一旦你知道蜂王在里面了，你就可以确信剩下的蜜蜂将会大批跟进。在落单的蜜蜂后面喷出少量的烟，将刺激它们迅速进入蜂箱。

一个分蜂团正在进入蜂箱

用少量的烟驱赶落单的蜜蜂

将一个分蜂团抖进蜂箱

如果你没有足够的时间来等待蜜蜂爬进蜂箱，你可以把它们抖进蜂箱。

如之前一样，把你的蜂箱准备好并把它放在最终的位置上，这时可以调整子脾。接近傍晚时，拿起带有分蜂团的容器，猛力地抖下去，关闭蜂箱，目的是使得多数的蜜蜂进入蜂箱内，将剩余的蜜蜂刷出容器。之后，轻轻地将巢框放进巢箱，把巢框架在蜜蜂堆的顶部找到平衡，随着蜜蜂们向上移动，巢框将渐渐下沉或者可被轻轻地插入下去。随着巢框归位，添加内盖和大盖，取下巢门档。

你可以把大的分蜂团抖进一个蜂箱基座内，然后直接在上面放上巢箱。记住：在 24 小时之内移走隔王板和蜂箱基座。

把分蜂团抖进蜂箱基座底板里　　添加带有巢框和内盖的巢箱　　　　　　　加上大盖

预防一个分蜂团离开

有时，一个分蜂团决定不想待在你好心准备的蜂箱内，你也实在不想这种事情发生。因为一个分蜂团没有蜂王一起走是不会离开的，你可以通过在箱底板和巢箱之间放置一个隔王板（见后面章节）来阻止蜜蜂飞逃。

如果你把分蜂团抖进蜂箱，这个就很容易，但是如果你让蜜蜂自己爬进蜂箱、又不放置隔王板，就不行了。越早做，就越能阻止蜂王进入根本不是你想要的那个蜂箱。

记住 24 小时之内要移走隔王板。

在巢门上（箱底板和巢箱之间）放置一个隔王板，以阻止蜂王随分蜂团一起离开

检查蜂群

　　一个观察不敏锐的养蜂人可以打开一个蜂群，提出巢框，而后再把它们放回去，但是却啥也学不到。其实，查看蜂箱的目的是发现正在发生的一些现象。首先，作为一个养蜂新手，你没有经验，所以每一项操作都将是在学习曲线上的另一大进步。如果你想要学习得更快，我劝你利用每一个机会去观察有经验的养蜂人的操作。观察善于和不善于操作蜂群的养蜂人都很重要，你可以从两者中学到经验。

你正在查看什么

- 蜂群有蜂王吗？它产卵正常吗？
- 蜂群如预期那样发展吗？
- 子脾格式如季节预期的那样吗？
- 有王台被产卵进去吗？
- 蜂王有足够的空间来更多地产卵吗？
- 蜂群里有足够的、可维持到下一次检查的贮蜜吗？
- 蜂群里有疾病征兆吗？
- 蜂群里瓦螨状态怎样？

在打开蜂箱之前，你要确保你可能要用到的所有的工具在手边，

检查蜂子是否健康

工蜂的螯针

你可以把它们放在养蜂工具箱的袋子里或小核箱中。然而，无论做什么，你都需要一个喷烟器和一个起刮刀。

被蜇了

在我们讨论检查蜂群之前，值得先来谈一谈会被蜜蜂蜇到的事情。无论你的蜜蜂如何安静以及你是如何小心，它都可能发生，并且还会造成疼痛。当然了，你受到的螯针数越多，疼痛越强烈。然后，皮肤会红肿。随着肿胀消退，很可能发痒，但这将会很快过去。渐渐地，你对蜂蜇将不会那么敏感了。但要记住，你正在从事的这个活动随时会发生被蜇的可能性。如果这确实会给你造成实质性的问题，那么你就要重新考虑养蜂是否适合你了。

如果你被蜇了，重要的事情是尽可能快地移走螯针，例如，用手指甲或起刮刀的边缘。如果一只蜜蜂碰巧钻进了面网，在移出它之前，你要从蜂箱边快速走开。你还可以这样做，把蜜蜂驱赶到面网里的一个角落，再杀死它。如果你起了红疹子，心跳加速，呼吸短促，请立即寻找医疗帮助。每次去蜂场都要带上你的手机，以备这样的应急之需，特别是外场或只有你自己在开箱管理时。

有时候，有人会对蜂蜇极度过敏，导致出现过敏性休克，这可能是致命的，可是这种情况非常罕见，在英国每年仅有 2~3 人死于蜂蜇。

如果你对螯针有强烈的反应，你要去看医生，他或许会给你开个肾上腺素注射液处方，用于快速对抗过敏性反应。他或许还会给你开个处方，去打一系列的抗过敏注射液。在去蜂场前 2 小时，口服抗组胺药片，如果被蜇也可以帮助你减少任何的过敏反应。

开箱检查蜂群

在去开箱前，你要穿戴好面网、蜂衣、长筒靴和手套，保证你手上有起刮刀和喷烟器，点燃喷烟器并让它一直适当地燃烧着。

第一件事情是冲着巢门吹 2~3 缕烟，烟可以驱逐蜜蜂，因此驱散了守卫蜂——一些被预先指派的为蜂群防御的蜜蜂。烟的第二个效应是诱导它们猛吸蜂蜜，并开始填满蜜胃，这不会立刻发生，蜜蜂需要 1~2 分钟才能吸饱。有时，蜜蜂没有打开的蜂蜜，所以它们不得不咬开封盖的蜂蜜巢房以便吸吮。如果你的蜂群正在挨饿，蜂群里根本就没有蜂蜜，向它们喷烟就绝对无效。如果你确定是这种情况，就打开蜂箱，给蜜蜂喂一些糖浆，待 1~2 天后再去检查它。有些人可能建议你用糖浆去喷洒它们，我试过，结果是所有的东西都变得黏糊糊、脏兮兮的。我很好奇，给予如此建议的人，他们自己到底有没有真正试过？

报警的守卫蜂

对着巢门口喷烟

打开蜂箱

现在你要准备打开蜂箱了，把喷烟器放在一个触手可及的地方，以便需要的时候马上就可以用。你一直不能放下的东西是你的起刮刀，你必须要学会用无名指和小拇指把它握在手掌里，而用大拇指、食指和中指提起巢框的技巧。过一阵子，你就会

一直握着起刮刀

习惯于起刮刀成为你手里的一部分了。

拿掉大盖并把它翻过来，放在你手可触及的地方，这就是为什么你在蜂箱周边需要空间的原因。站立着，以便你的双手能自然地落在框耳上，不管是在边侧（冷蜂路的巢框）还是在背侧（暖蜂路的巢框）。

移走大盖

双手应该自然地放在框耳上

将起刮刀的平端放进内盖和箱体之间，向缝隙喷进少量的烟，你可能需要在几个地方撬动以断开蜂胶密封处。根本不用烟或少用烟移走内盖是最理想的，检查一下内盖的下面，以防蜂王在那里。如果你放隔王板，它也可能在隔王板下面。

想象一下，你第一次打开巢箱检查（蜂箱上没有浅继箱），你需要把内盖平放，黏的内侧朝上，以一个角度倚在大盖上。如果蜂箱上有浅继箱，你就不必拿起内盖，只需与顶部的浅继箱一起抬起，架在大盖之上，稍微放歪一点点，以便浅继箱与大盖

用起刮刀分开箱体

侧边上的四个接触点相平衡。然后，相继地抬下其他浅继箱，并把它们以一定角度放在前一个浅继箱之上。以这种错位架空方式，每个箱体仅在边缘相交的地方相互呈点状接触，减少了蜜蜂被挤压的面积。如果你想要检查浅继箱，可把它们先放回到刚刚检查过的巢箱上面，然后再依次来做。

在分开箱体时某些巢框可能粘有蜂胶

用朝上翻转的大盖支撑浅继箱

一旦接触到了巢箱，不要急着在巢框间喷烟，而是暂停片刻观察一下，在平行于你的巢框其上和其间都有蜜蜂。在你观察期间，给蜜蜂一些时间安静下来，你会看到有一个大致像球形的区域，在那里蜜蜂的密度最大。这是冬季蜂团聚集的地方。在一年里的早期它很明显，但是迟早每个群都会从中心区域向外扩展和向内缩回到中心区域。在秋季，这个蜂团可能不会如春季那样在相同的位置，但所有的蜂群都有这样的中心。

在上框梁上的蜜蜂

移走第一个巢框

在移动第一个巢框之前，你需要先松动它。如果你是右撇子，你就总是先从左侧开始松动，然后再移向右侧，反之亦然。有些蜜蜂对运动有反应，当你以这种方式工作时，你就减少了手在蜜蜂上方移动的次数。如果你有一把"J"形起刮刀，把带钩的那端放在第一个巢框的框耳下，让钩末端朝着隔壁巢框卡在巢框背侧，在顶端向你的外侧推开，这就向上撬动了巢框，用你的左手抓住框耳，把它移动到另一侧。一旦巢框足够松动了，你就可以向上抬起它。用标准的起刮刀时，要用弯曲的那端进行这个操作。用霍夫曼巢框时，你要用起刮刀的弯曲端来推开第一个巢框的侧边框，让其远离外侧箱壁，然后再从第二个巢框开始推。

用"J"形起刮刀抬起框耳

松动第一个巢框

你需要缓慢平稳地抬起巢框，不要拉动或碰撞任何东西。由于没有太多的空间，在巢脾和箱壁之间以及巢脾之间会有蜜蜂，所以尽量不要挤压它们。如果你轻轻移动，蜜蜂们就能覆盖/走开你完成操作的区域。

兴许第一个巢框里充满了蜂蜜，或者其上爬满了蜜蜂，或者本身就是空的，仔细地查看并尽可能多地识别一下：有蜂子在吗？如果有，是卵、幼虫还是封盖子？蜂群里有花粉储存吗？有多少蜂蜜？在你检查巢框时，始终在蜂箱之上握住巢框，以免任何有活力的生命，如蜂王，掉落下来。

把这个巢框放在一边，你可以把它放在一个巢箱或小核箱里，也可以放在一个硬纸板箱里。如果你的蜂箱是放在两根横木之上的，可以把上框梁架在远端横木上，而把下梁框架在近端横木上。你也可以把巢框斜靠在蜂箱前的蜂箱基座上，用一个框耳和底角支着地。

在蜂箱基座的横木间支撑第一个巢框

第一个巢框倚靠在蜂箱前

翻转巢框

如果巢房中有新鲜的花蜜，当你倾斜巢框时它就会流出来，所以你需要学习一下如何在垂直面上翻转巢框（图示说明如下）。

1 握住巢框的两个框耳。

2 一只手向下降落，而另一只手向上提升，以便上框梁垂直于地面。

3 在垂直面上旋转巢框180°，以便巢脾的另一个面向着你。

4 把你落下的那只手提起来，而把你提起来的另一只手落下去，现在你可以在另一个面看巢脾了，但是上梁框在下而下框梁在上。

再以相同的方式，把它转回去，即上梁框仍在上、下框梁仍在下了。检查过后，把蜂箱里应该淘汰的巢脾全都替换掉。

制造一个空间

你现在已经制造了一个空隙，当你逐个拿出巢框时，离你最近的这个空隙就被渐行渐远地替换着，因为要被检查的巢框一直是往向着你的方向被移动着的，目的是保留这个空隙紧靠你接下来要移动的那个巢框。随着你检查的继续，这个空隙就向前移动。

你可能需要用少量的烟来赶走下一个巢框框耳处的蜜蜂。为了移

巢箱里的工作空隙——它随着你的提脾而移动

动一个个巢框，从左开始（或者从右开始，如果你是左撇子）撬动，让其远离其他巢框，进入到这个缝隙。当推移它时，要用你的拇指来阻止急推，然后平稳地举起它，至眼睛水平处来进行检查。如果你看不清巢脾，应该想办法驱赶蜜蜂，就需要握住框耳，在空隙处给予它一个快速的向下的抖动，把多数的蜜蜂抖落进蜂箱里，然后你就可以检查了，像你在第一个巢框上做的那样。如果你离子区很近，你将发现大量的花粉，特别是在邻近蜂子的那面，不同的颜色将反映出蜜蜂正在采集不同种类的花粉。

掰断框梁间的蜂胶封条

从巢脾上抖下蜜蜂

颜色不同的花粉表示你的蜜蜂正在拜访多种类别的鲜花

　　如果蜂群正在扩展，下一个巢框将会有一大片清理好的空巢房，在这里你需要查看蜂王是否已经产卵。看见卵了，就意味着蜂群里正在发生着一些事情：蜂王是否是一只正常的蜂王，还是一个只产雄蜂的蜂王或是产卵工蜂。当你看到幼虫和封盖子时，你就可以确信是哪一种情况了。

　　当你完成蜂群检查时，把巢框再放进空隙，确保它是面向它的最初方向的。有时巢脾不完全是平的，这时邻近表面的平行外形就需要被一道保持。将它平稳地移向靠近你的空隙一侧，以便空隙不会随着你在蜂箱内进行移动操作而变得更小。然后你依次移动下几个巢框，并以相同的方式检查它们。

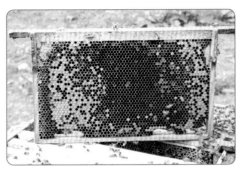

波形巢脾意味着必须要以同样顺序放
回巢框

看似"空着的"巢房可能含有卵

子区

当你移动每个巢脾时，你将会看到被一圈"花粉壳"包围着的球形子区中的一个切片。这个花粉壳在内侧比较厚，在上部更薄一些，在外侧非常薄，如果存在，一定是在蜂子下方。在冷蜂路摆放的巢框里，子区将在近巢门侧。当你查看子脾时，你将看到成片的蜂子在近中心处增至最大，而在其两侧渐渐减少。子区中心不一定是在蜂箱中间，但必须是在其正上方（浅继箱）有蜂蜜的储存的地方。

你将看见蜂子日龄的变化，卵房，紧挨着的是小幼虫房。随着你的眼睛从卵向内移动，幼虫将变得更大，然后是蛹房。在封盖之下，一个相似的发育渐变将无法看见。卵需要 3 天孵化，工蜂幼虫大约在 6 天后封盖，工蜂

卵和小幼虫

大幼虫和工蜂封盖子

子封盖期为 12 天，总发育期为 21 天。这三个时期的天数比例为 1:2:4。

如果你的蜂群达到了最大虫口数，那些就是你将要有的比例。如果蜂群正在扩增，将要有一个更高比例的卵和幼虫。当蜂团发生紧缩时，封盖子将会明显外露。如果有不多的卵和未封盖的王台，蜂群将要准备分蜂了。如果没有卵和封盖的王台，蜂群肯定是已经发生分蜂了。

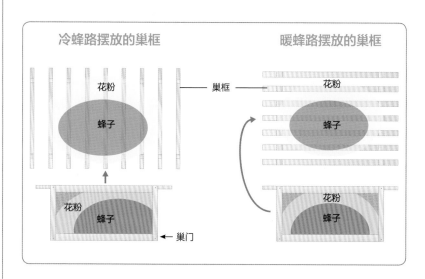

当你完成检查时，空隙就在蜂箱的另一侧了。你需要移动巢框并使之返回到它们最初的位置，然后放回第一个巢框。如果你用的是霍夫曼巢框，可用起刮刀将它们一起移动。在蜂箱壁和侧框梁之间，推动平的边缘到另一侧，然后向上移动巢框。你可以一次性完成，也可以分组式完成。由于霍夫曼巢框是带有距离夹的，你就不会冒着传播疾病的风险去挤碎任何的蜜蜂。如果有大量蜜蜂在后箱壁上，可用少量的烟驱使它们离开。如果用 DN1 巢框和距离夹，你将不得不依次移动每一个巢框，并把每一个巢框用力地压进它们原始的位置。

现在，这个空隙返回到你开始的地方了，提起并放下第一个巢框都要用同一个手，这样将会把它自动地放回去，并与其他巢框保持相同的关系。

你的第一次检查需要在蜂群繁殖开始后的至少第 6~8 周进行。4 月初到中旬是足够早了，但主要取决于你的地理位置。如果天气足够暖和，你可以穿着短袖到花园里，那么就可以打开蜂箱检查蜂群了。但是，特别是在年初，不要打开蜂箱太长时间，因为这或许会引起蜜蜂杀死蜂王。不要急急忙忙地，而是要平静地、稳当地操作。

正常蜂群检查的关键点是王台被封盖之前发现它们。在蜂群产生雄蜂之后，你就急需进行 7~9 天的常规检查了。

密集群势

当你将最后一个巢框放回原处时，你能开始密集群势了。如果蜜蜂真的爬满了巢箱并在上框梁上建造了部分的赘脾，可用起刮刀的薄片端把它们刮下来，并收集在一个有盖子的容器里。然后在蜂箱上放一个隔王板，接着放上一个浅继箱。如果是一个下蜂路蜂箱，要将隔王板带木框的那侧向下（有铁纱的那侧朝上）放置。如果是上蜂路蜂箱，应该是向上放置（有铁纱的那侧朝下）。然后把内盖放回到原处，最后是大盖。

在上框梁上刮赘脾

加盖隔王板

一个框式的铁线隔王板

当蜂群有浅继箱时，你不必挨个巢框检查，因为箱体的重量会告诉你，巢框被装了多少蜂蜜。通过观察巢框之间，你能看见蜜蜂是否给巢房封盖了。但当你刚开始养蜂时，你或许发现快速地看一下每个巢框更有帮助。

保持记录

关闭了蜂箱之后，你的检查还没有结束。你需要记录你所看见的和你已经做过的（如前面章节已经讨论的那些）。养成做记录的习惯确实很重要。世界上最好的记忆有时也会衰退，有时确实是"好记性不如一个烂笔头"。对于你控制分蜂或培育王台的计划，在你进行到下一个蜂群检查之前，最好花上几分钟做个注释。

保持记录很重要

发现蜂王

多数时间你仅需要能够检测到正在正常产卵的蜂王的存在。可是，在发现蜂王的过程中，有一些关键的时刻对你来说是最重要的，如当你想要使用它时或者想要给它点上标记时，蜂群却正在尝试分蜂。当蜂群虫口很低时，你是最可能成功的，这通常发生在年初，或是新养育的蜂王在小核群里刚开始产卵时。

标记蜂王

养蜂人使用颜色编码来指示蜂王出房的年份。5种颜色代表间隔5年的两个年份的最后那个数字。我使用一种记忆术来帮助我记住哪个是哪个。

年份末尾数字	蜂王颜色	记忆术
1或6	白色	white-what，什么！
2或7	黄色	yellow-you，你
3或8	红色	red-rear，饲养
4或9	绿色	green-green，绿色
5或0	蓝色	blue-bees，蜜蜂？

标记蜂王的颜料是能买到的，用它在胸部标记蜂王。如果你想要给蜂王编号，可以买带号码的小圆片粘在其上。如果你正在进行记录，不必跟随号码，用你最容易看见的颜色，然后记录下来。我发

一只带标记的蜂王

现黄色和白色在黑色蜜蜂身上显示度最好，而在黄色蜜蜂身上蓝色和绿色更明显。看一下可行的颜料，调制出你认为适合的颜色。

一只带编号的蜂王

把你打算标记用的颜料盖子拧松，用买来的画笔可能太大，我用火柴杆样的东西，从颜料瓶里挖一点颜料到画笔上，然后用一个小小点而不是一个大斑点给蜂王点上。

往蜂箱里喷尽可能少的烟，蜂王害怕亮光，可能会在你正在检查的巢脾的另一侧，也需要向下查看蜂箱，看看是否在下一个巢脾的脾面上。

记住，你正在找寻不一样的东西，蜂王比工蜂大不了很多，但是它却有许多独有的特征。我寻找它的长足，但其他人却寻找它的长腹部。拿出巢框在蜂箱之上握住它，在你头脑里要有一个蜂王的图像，向下扫描巢

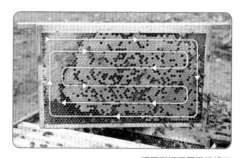

环顾巢框四周寻找蜂王

脾上成片的蜜蜂，然后沿着下部向上看另一侧，一直到上部，最终来回看中间。蜂王会快速地跑到巢框的背面，你可能要翻转巢框检查另一面，当它跑到边缘时你才能标记上它。

适当地花时间看但不要花太长时间看，因为如果蜂王不在那里，你将永远找不到它。看一个巢脾时，你花的时间越长，它将躲进越深层次的蜂堆。对剩余的巢框重复此过程。如果你没有用太多的烟，就要特别注意有大片卵的巢脾，因为蜂王可能在那里。不要忘记查看侧边框和下框梁。

当你发现蜂王时，你需要限制它。我推荐用扣脾笼，也叫荆冠，一种插入式王笼。眼睛盯住蜂王，当它在脾面上时，用扣脾笼扣住它，轻轻地向巢脾内按压，其上的钉子将把它囚禁在巢脾上，很紧，不会让它逃出来。向上略微提起扣脾笼，以便蜂王能在里面活动。当它的胸部刚好在铁线方格里时，向下按压扣脾笼，把它固定好，取出火柴杆，蘸一点颜料出来，涂到它的胸部上，等几秒钟让颜料干燥，然后垂直地提起扣脾笼，蜂王将会快速跑走。你不会想要这个整洁的小圆点被抹掉的，所以你要一直盯着看，直到你确定它重新被蜜蜂接受为止。有些工蜂对颜料的气味存有疑惑，可能会攻击蜂王。如果这种情况发生了，驱散包围它的蜜蜂团，静观情形变好。

一个荆冠型扣脾笼（上面观）

一个荆冠型扣脾笼（下面观）

你可以拿着蜂王来标记它。如果你是右撇子，可用右手握住蜂王的胸部或捉住其翅膀，让它站立在你左手的中指上，用左手拇指和食指握住它的胸部，然后用右手点上颜料。如果你是左撇子，反之即可。

在标记蜂王之前，你可以先在雄蜂身上练习，因为你拿出它们没有被蜇的危险，即使你真的损害到它们。它们是备用

捉住蜂王的翅膀

伸出一个手指让蜂王站立

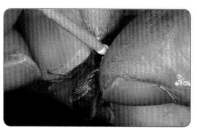

标记蜂王的胸部

的且是可以丢弃的。可是，要么杀死你标记的雄蜂，要么用一种不同于给蜂王使用的颜料，否则，当你在蜂群中搜寻蜂王时，它们会给你添乱。

如果在对子区进行第二次搜寻时，你仍然没有发现蜂王。那么，请关闭蜂箱，改日再来。如果你真的被难住了，请求一位标记蜂王有经验的养蜂人来帮助你，他们通常都非常乐意做这件事。

分蜂行为

一个蜂群存活了并繁殖了，最终就要决定分蜂，分蜂是蜂群有效的繁殖方式。对于一个偶然看到此情形的非养蜂人来说，分蜂好像是蜜蜂发疯了。突然看到，在无任何刺激的情况下，蜜蜂就开始倾巢而出，在空中盘旋，圈子越飞越大，最终蜂箱中大约一半的蜜蜂都飞上了天空，它们联合起来发出的"嗡嗡"声很大，非常兴奋，这给养

分蜂团在空中

蜂人发出了警报。

分蜂团

当你观看时，蜜蜂将开始形成一个分蜂团，它可以是在任何一个物体上——一面墙、一棵树、一辆独轮手推车车把或一个汽车缓冲器。我认识一位女士，有一个分蜂团曾从它的卧室窗子进来，结团在床角上。如果它们结团在一个可接受的地方，你可按第三章中描述的那样进行收捕。

分蜂团将在蜂王着陆的地方形成，深色的蜜蜂球招引着更多的蜜蜂飞来。有时蜂王虽然着陆了但还会决定再次起飞。在这些停顿当中，蜂王留下痕量的"蜂王物质"，于是小的短暂的分蜂团可能会在这些点上形成，因为它们受到蜂王信息素的吸引，该信息素传送出蜂王存在的信息。不过，此时蜂王已经飞走了，不在那里了，但它的气味仍在那里。

蜂王物质是一种由许多脂肪酸组成的复杂的混合物，作为一种信息素，影响着蜂箱内其他蜜蜂的生理和行为。在分蜂时，其中有两种成分是非常重要的，一种成分吸引着蜜蜂与蜂王一起在空中移动，而另一种成分则帮助稳定蜂团并保证它们在一起。

一旦分蜂团已经形成，蜂王就能非常安静，以便在适宜的环境里不被发现。这个分蜂团通常在离原群 10~50 米之间形成。可是，某些蜜蜂在结团前会飞出很长的距离。大多数分蜂团在离蜂巢原址约 200 米半径内被发现。

一个典型的分蜂团

发现一个新的家园

分蜂团正在寻找一个新的家园，甚至在它开始分蜂之前，侦察蜂就一直都在寻找一个适宜的洞穴。它们进去又在周围飞行，有效地测量着洞穴的体积，并权衡把它作为新家是否足够大。各种可能性的信息被以舞蹈形式传递给分蜂团中的蜜蜂，舞蹈形式与后面描述的采集舞蹈相同。

最终，做好了决定，分蜂团起飞去往选定的巢址，这可能发生在非常短的时间之内也可能要等上几天之后。偶尔地，如果分蜂团悬挂在一个非常荫蔽的有树的地

在开放处建巢的分蜂团

方，并且天气变得潮湿和寒冷，蜜蜂就开始在它们正在结团的地方造脾了。可是，这样的分蜂团很少能存活下来，因为它们不能对抗作盗者来保卫储存的蜂蜜，它们也不能产生足够多的蜜蜂来赶走作盗者，不能保证子脾温暖或去采集足够的食物来维持越冬需要。

当分蜂团正在结团时，养蜂人最容易收捕到它。如之前所介绍的那样，可以在蜜蜂周围放一个适当的容器，震落分蜂团，带回蜂场。

蜂群繁殖

蜜蜂是个体，但它们必须在一个蜂群里生活，这被看作为一个超级个体，即一组个体，每个个体不能独立存活，但每个个体都在族群的存活中起着特殊的作用。

当蜂群分蜂时，在有一个超级个体的地方，现在有两个了。分蜂行为因此被看作是蜂群繁殖，就像动物生长发育到一个它们能够繁殖的节点上，蜂群也是这样。由于平时可以检查蜂群，因此养蜂人有机会来控制蜂群繁殖的过程，这样可以避免发生分蜂及蜜蜂"丢失"。

为了控制分蜂行为，你必须懂得越冬后的一个蜂群是如何发展的，以便达到它准备分蜂的那个节点。这将帮助你识别何时能用最大的效应来进行干预。

随着春天白昼延长，蜂群开始将蜂团中心的温度升高到35℃左右，使得育子可行了。在蜂王将卵产进去之前，内勤工蜂先要清理并磨光工蜂房。蜜蜂需要能量来提升温度，这来自它们储存的蜂蜜/糖。

蜂王开始增加产卵数量，在从封盖子羽化为成虫前，这些卵进入了正常的变态过程。开始，蜜蜂数量增加缓慢，尽管较大的蜂群相比较小的蜂群明显生长更快，但蜜蜂增长的数量与已经活过冬天的成年蜂（"越冬蜂"）死亡的数量是相抵的，这些蜂被要求努力工作以产生热量增加蜂群温度。

"越冬蜂"

"越冬蜂"与"越夏蜂"有不一样的生理机能。其中，"越夏蜂"存活5~6周的时光，而"越冬蜂"存活5~6个月，这取决于纬度（在更冷更北部的地区，相比于更暖更南部地区的蜜蜂，它们将有更长时间不能外出采集）。"越夏蜂"头部的咽下腺产生幼虫食物的腺体仅有几天是活跃的；但"越冬蜂"的这个腺体一直活跃，直到第二年的春天。可是，为了产生幼虫食物，这些蜜蜂必须接近花粉和蜂蜜。起初仅有的可得的将是那些在秋季采集的，然而，随着气温的升高，从早春开花植物（如水杨花、番红花和李花变种）那里采集新鲜花粉变得可行了。巢

春季从小杨柳上采集花粉　　　　麝香兰　　　雪花莲

脾上更大区域被清理干净并被加温，子区扩大了，这个刚开始很缓慢，但在分蜂即将出现之前的几周里变得异常迅速。一般来讲，一个蜂群在它打算分蜂之前，将在浅继箱里储存蜂蜜。

雄蜂

在春季当蜂群繁荣兴旺时，它们愿意并能够产生和支持雄蜂。没有哪个蜂群还没有雄蜂时就会发生分蜂，所以当你在雄蜂房里看见卵和幼虫时，你就该知道分蜂可能要发生了。雄蜂子不一定是一个

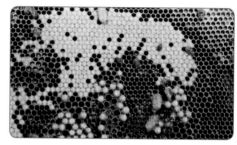

平坦的工蜂封盖和拱起的雄蜂封盖，注意封盖的王台

蜂群将要准备分蜂的征兆，但是当蜂群里没有雄蜂子时，你可以确定它不会分蜂。不管蜂群是否打算分蜂，它们都会产生雄蜂，移出雄蜂子将肯定不会阻止它们闹分蜂。雄蜂是蜂群发展的一个有活力的部分，你不要试着阻止蜂群培育雄蜂。

在温暖的春天，在英格兰中部诸郡，早在3月中旬，你就可以发现蜂群里有雄蜂。进一步往南，比如康法尔郡，雄蜂出现得更早。而在北部，雄蜂要到3月下旬才被培育。

王台基

下一个可见的蜂群正在打算分蜂的征兆是王台基的建造，也叫王台杯。它们看起来像榛子壳，从巢脾边缘面朝下，被建在子脾周围，特别是在巢脾的下边缘，蜜蜂也会在已被破坏的巢脾边缘建造王台基。如果你在用巢箱－浅继箱或双箱体养蜂，子脾将扩

一个王台基

大到两个箱体，建这些王台基最好的地方是沿着顶部箱体里巢脾的下缘。

额外的空间

到这时，蜂群已经完成扩大了以致它们至少填满了它们越冬用的箱体，因此需要更多的空间。如果这时你不给它们额外的空间，它们将肯定会分蜂，因为它们是拥挤的。由康奈尔大学托马斯·西里教授的研究表明，蜂群偏爱一个大约 0.04 米³ 的洞穴，这意味着到自然分蜂发生时，蜂巢将变得相当拥挤。在大不列颠岛，分蜂是从 4 月中旬到 7 月中旬发生的。几个早熟的蜂群早在 3 月就分蜂了，有些晚熟的蜂群会推迟到 8 月，但对于大多数地区，这种情况极其罕见。

王台

蜂群将要继续发展，工蜂清理王台基，蜂王向其中的几个里面产下受精（雌性的）卵。它是批次地产卵的，以便发育的蜂王日龄是不一样的。当一个王台基含有一个卵时就变为一个王台，自此，工蜂将开始垂直向下加长王台壁。当含有发育着的蜂王时，这个长度会变得更加明显。

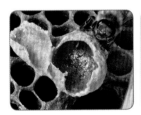
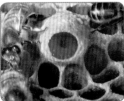
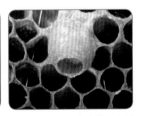

王台里的一粒卵　　　　　王台里的一只幼虫　　　　　开始被加长的王台壁

定时

你需要在头脑中牢记蜂王各个发育期所经历的时间，因为所有的控制分蜂的方法涉及的行为是与这个过程各个时期相关联的。蜜蜂能从小于 3 日龄的工蜂幼虫中养育出新蜂王。

如果你打算做出适当有效的决定并采取适当的操作，你就必须能看见并识别工蜂房中的卵。如果有必要，用起刮刀平末端或一个锋利的刀，通过最短的线，垂直割下巢房壁，用刀尖弄弯巢房壁，使它们向上开口，以使得向巢房底的观察更容易。选择子区的一个区域，在你期望发现卵的地方，牢记蜂王将在空巢脾的中央开始产卵，并以环状向外辐射地产卵，如果你发现仍然很难看见卵，把巢框拿到蜂场里一个光线良好的地方，把它放在适当的位置，以便光线照进巢房。

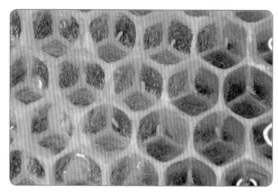
在子区的卵

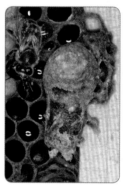
被破坏的王台

当工蜂房中有卵的时候，你做出的关于如何在蜂群内控制分蜂的决定将非常不同于无卵时的那些决定。

王台中幼虫的发育是与产卵下的时间相关联的。卵在被产下 3 天后孵化，巢房在 8 天后被封盖，处女王在 16 天后羽化出房。

在第一个王台被封盖后不久，分蜂团就能离开蜂群了。然而，蜂群在这个过程中能随时改变主意，如果它不想分蜂了，工蜂将破坏王台，生活回归正常。

交替

蜂王不是永远不死的，许多蜂王都是死于冬季，因而导致蜂群损失。某些蜂王停止产工蜂卵，当蜂群中的工蜂都死光后，这个蜂群就彻底灭

摘要

这些是蜂群发展到它要发生分蜂的时间阶段：

1. 一个健康的蜂群越冬结束，开始发展和扩大。

2. 蜂群群势开始快速增加。

3. 雄蜂被产出。

4. 蜂群群势继续增加，蜜蜂开始建造王台基。

5. 蜂王在王台基里分批产卵。

6. 卵发育成幼虫，第一个被产下的卵发育为第一个被封盖的大幼虫。

7. 老蜂王带着一半的蜜蜂在这一天从蜂群里飞走了。如果天气不好，就是之后的晴天。

8. 大约在分蜂团离开后的一周左右，处女蜂王们开始出房了。每一只处女蜂王都有潜力带着小群蜜蜂离开。如果几只处女蜂王在同一时间出房，它们或许都随着小分蜂团离开。在这种情况下，当蜜蜂们占据新家时，处女蜂王们将打斗致死，留下一只胜者可以飞出去交尾并领导新蜂群。

分蜂控制措施必须在第五和第六阶段之间，以及第七和第八阶段之间加以应用，详见第四章。

亡了。蜜蜂一旦识别出蜂王不合格，就会开始饲养一个替代者而不进行实质性的分蜂，这个蜂王替代的行为就叫作交替。对于一个不合格的蜂王而言，这种行为就是简单的对一个衰败蜂王的取代。可是，某些蜂王活过了一个相当长的年龄，比如 3 年、4 年或多年后才被取代。在蜜蜂的某些品种品系里，分蜂不是一个正常发生的事件，于是，一只老蜂王的替代是相当有意义的，这样的品种品系对养蜂人来说就是非常有价值的。

替代王台一般很大。它们是频繁地但不是不变地被建在巢脾面上的，通常数量非常少（1~3 个）。这个过程常发生在夏末，如 8 月左右。据说，从交替王台里出来的蜂王是有缺陷的和不合格的。这可能是真的，因为母蜂王生活了 3~4 年后，如果尚未寿终正寝时就被年轻的蜂王所替代了，那么，女儿王要达到怎么样的长寿才是令人满意的呢？显然，这样的寿命长、不爱分蜂的母蜂王是低分蜂品种品系的基础。

分蜂预防和分蜂控制

一些相对有经验的养蜂者看不出这两个名词之间的差异，经常混用。然而，出于我们的实用和操作目的，我要对它们下个定义。

■ 分蜂预防是指在分蜂开始之前帮助延迟或完全停止任何分蜂准备的那些人为活动。

■ 分蜂控制是指正在处理一个已经完成分蜂准备或一个已经开始分蜂的人为活动。

许多养蜂人似乎对分蜂控制的复杂程度存有疑虑，但是从一开始我就说它不难，阻止蜂群分蜂是完全可能的。

分蜂预防

这包括给予蜂群超过它目前所需要的空间。当蜂群正在发展壮大时，蜜蜂倾向于将新采进的花蜜储存在离子区较远处，一旦这个可用的空间被填满了，蜜蜂就开始在子区填装。这时，可供蜂王产卵的巢脾区域就缩小了，这看起来像是开启分蜂准备拥挤感觉的开关之一。

花蜜比蜂蜜含有更多的水分，因此体积更大，占据了更多的储存空间，最好是添加浅继箱巢脾，这可以减少蜂群内的拥挤，并能转换蜂群分蜂的想法。但作为初学者，你可能没有接触过这些。另一个最好的方法是添加带有初始条的巢框，割下25毫米宽的巢础条，以嵌进整面巢础的方式镶嵌进巢框中并绑牢。为什么这个比整面巢础好呢？因为蜜蜂对洞穴空间的自然反应就是建造巢脾并填满它。这样做，就是给予它们泌蜡造脾的工作，有助于减少分蜂冲动。可是，如果你仅有镶嵌了巢础的巢框，就差强人意了。建在初始条上的巢脾可用于切割。

经验：如果巢箱或浅继箱充满了蜜蜂，那么就要给予它们另外一

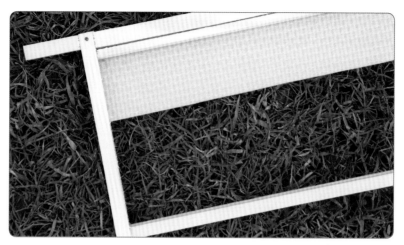

带有巢础初始条的浅继箱巢框

个浅继箱。即使你拿不定主意是否需要另一个浅继箱，也要给一个浅继箱。如果蜜蜂们不需要这个空间，它们就会忽视它。如果它们确实需要而你却没有提供，你可能就会后悔。另一方面，当它们有大量空间时，许多蜂群也会分蜂。当外界不流蜜时，蜂群内多余的空间几乎没有或根本没有被利用。但是，如果外界有流蜜且蜜蜂有空间来造脾，可能就有实质性的帮助了：忙于分泌蜂蜡的蜂群很少可能去尝试分蜂。

定期检查

一旦你看见王台了，你就要意识到它们在脾面上已经是非常明显的了。将要封盖的王台，大约是一个未去壳的花生的大小，并带有与之相似的表面纹理结构。为了你养蜂成功，你要学会看王台。

更为重要的是，你必须会查看并能识别卵。它们大约1.6毫米长、0.6毫米宽，看上去像微型的白香蕉立在巢房底的窄末端。你必须会查看工蜂房里、雄蜂房里和王台基里的卵，如果你不能看见它们，请找一个有经验的养蜂人指给你看。不要放弃，直到你和你的顾问确信你可以看见卵。戴上你的近视眼镜或使用一个放大镜，切开巢房壁，打开巢房，在你预期会发现卵的区域找一下。

下一阶段是定期地检查子脾，如果天气许可，通常是在蜂群开始产生雄蜂不久。你要查看蜂王是否在王台基里产卵了。打开蜂群，搬下浅继箱，查看一下巢箱，如果王台基里没有卵，盖好蜂箱。当你这么做的时候，还要注意顺便检查一下蜜蜂是否需要更多的空间，如果它们确实需要，就添加一个浅继箱。

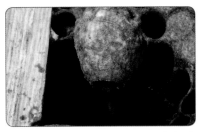

一个有卵虫的王台　　　　　　　　你必须能够看出卵是何时出现的

多长的间隔算定期呢？

你要如何经常地去检查蜂群呢？请用蜂王发育期来考虑这个问题。卵需要3天来孵化，王台在卵产下的第9天被封盖，这就是为什么养蜂人谈论9天检查体系了。可是，它不会轻易地适合我们的7天一查制。对多数养蜂人来说，都是每7天看一次。实际上，两次检查所间隔的时间越短，你就越能尽早地在王台被封盖之前发现它们。

不幸的是，如果你发现了封盖王台，几乎可以肯定的是，在你最后一次检查时，你错过了标记它们，并且你的分蜂群已经离开了。另一个线索是，蜂群里的蜜蜂数量明显减少了，分蜂群已经飞走了，接下来就是我们要看看该做些什么，然后是考虑要在何时控制分蜂才好。

当你寻找分蜂准备的迹象时，你要定期检查子脾。然而，一旦你发现了有卵的王台，就要根据你选定的控制分蜂的方法做进一步的检查。一旦你选定了即将分蜂群，那么定期检查就不再必要了。如果你足够幸运地有一个强群，能采集一个好的蜂蜜收成，它就不会尝试分蜂，你能在6月末左右停止定期检查了，但这取决于你所在的地理位置。

一个封盖的王台

分蜂控制

尽管不是所有的养蜂人都喜欢控制分蜂，但可以肯定有助于控制分蜂的方式是给蜂王剪掉一边的翅，这使它不平衡了，它就不能跟随分蜂团飞到新巢址。没有蜂王，分蜂团将返回它的原群。

有点像双重保障一样，在分蜂控制操作期间，即使事情办糟了，你也不会失去 10000~14000 只蜜蜂。将你的蜂群饲养在一起，特别是在流蜜期，将意味着最大数量的蜜蜂用于花蜜采集和蜂蜜生产将是可行的。如果蜂王不加考虑地试图起飞，并迷失在蜂箱附近的地面上，你可以以蜂群中王台的形式来替代它。

对于事情出错，我觉着明显的是养蜂人失误，但自然环境也可以改变结果。例如，在酷暑期将一个黑暗蜂箱放置在太阳之下，它将会变热，这似乎是鼓励蜜蜂尽早分蜂以缓解拥挤。于是，在王台被封盖之前，就会毫无意外地发现分蜂团离开蜂箱，甚至常规的 7 天一次的检查也不能阻止它发生，因为它已经超出了你的控制。

如果你决定不给蜂王剪翅，就必须要非常认真地检查子区，准备接受偶尔的分蜂团走失。以我的经验，已剪翅的蜂王可以活得与未剪翅的蜂王一样久和一样有效，你必须自己做决定。

一个被剪翅、带有标记的蜂王

共同标准

所有的控制分蜂的方法都探讨着分蜂事件的相同后果，如果你学会了基本的原则，你将很快地理解要做什么。所有的方法基本是相同的。试图分蜂的蜂群应被认为是由3部分组成的：蜂王、蜂子、飞行的蜜蜂。

所有的控制分蜂的方法都是将一部分同另外两部分分开，例如，你可以移走蜂王，留下蜂子和飞行的蜜蜂；或者你可以拿开蜂子，留下蜂王和飞行的蜜蜂。

蜜蜂会将蜂箱记为在空间上的一个点，如果你把一个蜂箱移开原址2米远，则返回的采集蜜蜂将忽视它，在先前的位置飞来飞去。如果在靠近原址的地方没有其他的蜂箱，它们最终将重新找到这个被搬开2米远的家。可是，如果你在原址附近有另外的蜂箱，它们将乞求被放进那个蜂群（见第二章）。

移动含有蜂子和蜂王的蜂箱远离原址，实际上是将蜂子和蜂王与飞行的蜜蜂隔离了。

蜂子和蜂王可以被从分蜂群那里移出。蜂王带有标记有助于你发现它，但如果你找不到它时，处理分蜂群也是可能的，这一点我们将稍后探讨。移走蜂子通常意味着你得费力地移动整个带有巢框的蜂箱及其里面的蜜蜂，不然的话，你就得逐个地将带有附着蜂的巢脾转移进入另外的箱体。

如果巢箱中缺少巢框，蜜蜂会建造野生的巢脾。这些是从一个空闲的小核箱大盖上悬挂下来的野生巢脾

"备用的"设备

多数的控制分蜂的方法包括使用额外的设备，例如，在"人工分蜂"方法里，你需要另一个箱底板、巢箱、巢框、内盖和大盖。如果所有的

设备都充满了蜜蜂，你就没有备用的了，你的控制分蜂的方法就将是杀死这只蜂王。

所有的这些"备用的"设备，都需要带有巢础的或造好的脾的巢框。如果你确信你的所有多余箱体都配备有巢框的所有部件，你将总会有恰好数量的箱体是可行的，包括你选用的分蜂控制方法，而且你将决不会留下空隙让蜜蜂去建造独立于巢框之外的野生巢脾。正如已经描述的，蜜蜂始终有一个本能，就是用建在内盖上、隔王板上或下框梁上的赘脾去填满大的缝隙，而这将花掉你一些时间去将其掰开，可是却很难保证你完成操作后所有的箱体都还是含有满框的。

"小核群"方法

这包括从分蜂群移走蜂王并把它放在小核箱里。如果出了什么状况，譬如你的新蜂群饲养蜂王失败了或处女王交尾失败了，它就是你的保障，因为蜂王被与蜂子和飞行的蜜蜂分开了。如果你没有一个小核箱，你可以用一个满箱的巢箱，但是在任一情况下都要确保蜂箱里含有满框（图示说明如下）。

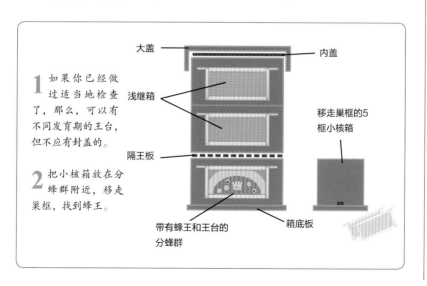

大盖

内盖

1 如果你已经做过适当地检查了，那么，可以有不同发育期的王台，但不应有封盖的。

浅继箱

移走巢框的5框小核箱

隔王板

2 把小核箱放在分蜂群附近，移走巢框，找到蜂王。

带有蜂王和王台的分蜂群

箱底板

3 把蜂王放到小核箱中间的那个巢框上，同时毁坏这一巢框上的所有王台。

4 在分蜂群里找出2个含有大量食物的巢框，放在有蜂王的巢框的两侧，并把这3个框靠拢到箱子的一侧。

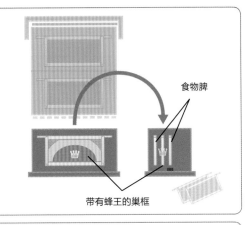

食物脾

带有蜂王的巢框

5 把分蜂群里的蜜蜂，抖进2框多到这个小核群里。

2框蜜蜂

6 用2个备用的巢框填满小核箱中的空隙。

7 在巢门口塞草，把带有蜂王的小核箱，放在蜂场其他地方的一个新的箱基座上。

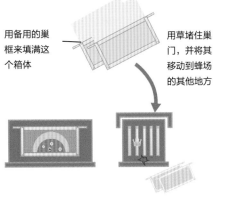

用备用的巢框来填满这个箱体

用草堵住巢门，并将其移动到蜂场的其他地方

8 检查分蜂群里的所有剩余的巢框，确保它们不会含有任何的封盖王台。

毁坏所有的封盖的或非常大的王台

9 选择1个或2个你能够看得见的含有幼虫的王台，标记那（几）个巢框。最容易的方式之一，就是在上框梁上按下一个图钉，垂直在王台上方。

标记1个或2个含有幼虫的、敞口的王台

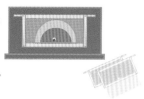

10 一下子放入所有的巢框，再用最初从小核箱中移过来的巢框填满蜂箱空间。

11 加上隔王板、浅继箱、内盖和大盖。

12 如果小核箱上的草塞子在24小时之内还没有变得枯萎进而释放蜜蜂，那么黄昏时分你就要亲自去把它拿掉。

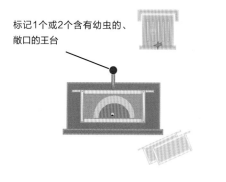

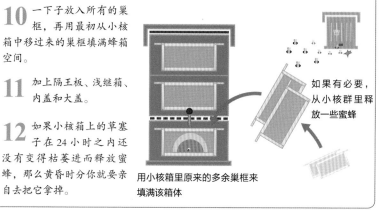

如果有必要，从小核群里释放一些蜜蜂

用小核箱里原来的多余巢框来填满该箱体

13 注意：因为蜂王仍在小核箱里，工蜂房里就仍会有卵，于是蜜蜂就能够把一个小于3日龄的幼虫饲养成蜂王，这意味着接下来的6天里，蜜蜂可以在这个子脾上连续培育出更多的蜂王来。这里我不想教你总是毁坏你不想要的王台（见第9点），因为蜜蜂将会简单地建造更多。如果你想在蜂群里留下未封盖的王台，就要至少在处女王羽化的8天前做。如果在你刚组织好蜂群时就有一个王台被封盖了，这个幼虫仍然需要8天的时间来化蛹和变态为成虫。

14 在你将蜂王转移进小核群的7天之后，检查一下分蜂群里的巢框。当你已经移走了外面的巢框时，也要移动其他的，以便你能检查那些你用图钉标记了的含有王台的巢框。不要抖掉蜜蜂，因为这将严重毁坏发育着的那只蜂王的健康。取而代之的是，用一个鹅翅膀羽毛或一把草来刷掉蜜蜂并检查它们。提出这个巢脾，拔下那枚标记的图钉。

15 检查所有的巢框，毁坏其他所有的你发现的王台。你可以抖掉巢框上的蜜蜂，还需要移走它们，以便在巢脾两侧能有一个好的视野。

建在巢脾面上的王台是明显的，但是蜜蜂有一个在角落和缝隙里建造王台的坏习性。可能是沿着巢脾的底部挤在巢脾和下框梁之间，也可能是缩在巢脾和侧边框之间。

作为一个初学者，很容易把雄蜂封盖房误认作王台。如果认不准，就毁坏它们。毕竟丢失几只雄蜂比忽略一个王台要好得多。当那只处女王从你选留的王台里羽化之时，如果群里还有其他的带虫王台，它将带着一个小分蜂群离开原群，因为一个交替的蜂王可以从剩余的王台中被养育出来。因此，有必要确保你留下的是唯一的一个王台。

16 3周后，开箱检查新蜂王是否已经成功交尾了以及是否开始以良好的蜂子模式在产卵。如果出了什么状况，在小核箱里你仍然有最初的那只蜂王，它可以被重新引进新的无王群。为了做好这个，请用报纸将它的小核群（和它）放到无王群里去。

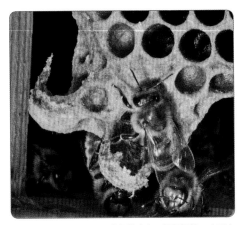

建在巢脾和下框梁间的一个王台

"人工分蜂"的方法

这个方法将蜂王和飞行的蜜蜂与蜂子隔开了。你需要一个额外的箱底板、一个用造好的巢脾或巢础装满了的巢箱、一个内盖和一个大盖。当你发现王台里有卵或幼虫的时候，你就可以进行人工分蜂了（图示说明如下）。

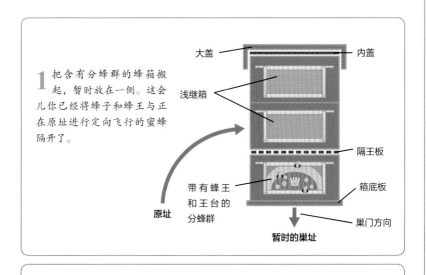

1 把含有分蜂群的蜂箱搬起，暂时放在一侧。这会儿你已经将蜂子和蜂王与正在原址进行定向飞行的蜜蜂隔开了。

大盖
内盖
浅继箱
隔王板
箱底板
带有蜂王和王台的分蜂群
巢门方向
原址
暂时的巢址

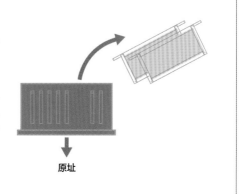

2 在原址上放置备用的箱底板、巢箱和巢框。

3 从蜂箱的前部（如果你的巢框是暖蜂路排列）或从蜂箱的一侧（如果你的巢框是冷蜂路排列）移走第三个和第四个巢脾。

原址

4 在分蜂群里找到蜂王，将蜂王连同附着蜜蜂所在的没有王台的巢框一起放进新的巢箱中，并把巢箱安置在原址上。添加一个无王台的子脾。如果你的备用巢框含有造好的脾，就直接把它们放在有王框的一侧。如果你没有备用的造好的脾，从原群蜂箱的两侧拿出两张脾，因为这些巢脾不可能含有蜂子。然而，必须要做双重的检查以确保在这些脾上没有正在被建造的王台。如果它们有王台，请毁坏它们。现在你已经将新的箱体里的蜂王和飞行的蜜蜂与仍在原址的巢箱里的蜂子分开了。

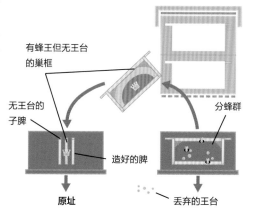

有蜂王但无王台的巢框

无王台的子脾

造好的脾

分蜂群

原址

丢弃的王台

5 用巢框填满新巢箱。加上隔王板和浅继箱，然后盖上内盖和大盖。

6 在原始蜂箱里填上空隙，并把它放在原始箱内的一侧，巢门开向与原始的朝向成90°。

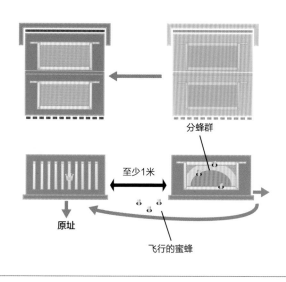

分蜂群

至少1米

原址

飞行的蜜蜂

7 7天以后，将这个巢箱搬到蜂场里的其他地方去。要至少离开原址有1米远，巢门面向不同的方向。1周左右，那些刚开始采集的蜜蜂就学会了怎样返回到新位置的蜂箱里。它们发现蜂箱不见了，就会加入到曾在原址蜂箱工作过的飞行的蜜蜂之中。

8 现在，在第二个位置上的有蜂子的这个蜂群，将会变得缺少蜜蜂了。它是无王的，所以它将建造王台，但是由于缺少蜜蜂，它将不会随着第一个处女王的出房而发生分蜂；而这只刚出房的处女王也将杀死其他的已经羽化的处女王，内勤蜂也会撕毁剩余的王台。

你将需要关注含有原始蜂王的那个蜂群，因为当这个蜂群发展群势时，它可能会随着另一起的分蜂而出走。

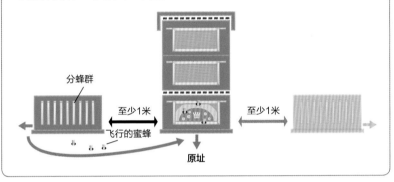

分蜂群

至少1米

飞行的蜜蜂

至少1米

原址

找不到蜂王情况下的分蜂控制

总会有你怎么找都找不到蜂王的时候。如果它有标记，找到它会更容易些，但是即使是这样，它也常常是躲藏着的。因此，寻找时所有的角落都不要放过。即便这样，你也有可能在没有找到蜂王的情况下来控制分蜂。这是"人为分蜂"的一种变形，给蜂群进行同样的重新排列（图示说明如下）。

1 搬起箱底板上掉落有藏匿蜂王的巢箱，把它放在空的浅继箱的一侧或放在一个翻过来的大盖上。

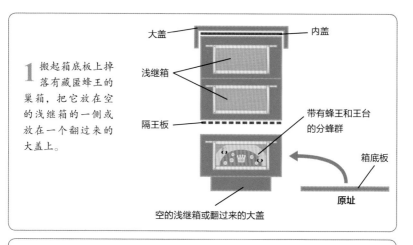

大盖

内盖

浅继箱

隔王板

带有蜂王和王台的分蜂群

箱底板

原址

空的浅继箱或翻过来的大盖

2 把新的巢箱放在原址的原箱底板上。

3 从中间移动6或7个巢框，留下一个大的空间。把原箱中所有子脾上的蜜蜂都抖落到这个新巢箱里。蜂王将会在下列3个地方之一：在抖进的蜜蜂里、在原箱底板上藏在蜜蜂堆里、在拿走了巢框后的旧巢箱的侧壁上。

4 从原巢箱中依次拿出巢脾。在新的巢箱里向下拿住它，用力地抖动它以抖掉蜜蜂。用蜂刷把巢脾上剩余的附着蜜蜂扫进新巢箱。

5 你是不会想要蜜蜂重新结群在你刚刚脱过蜂的巢脾上的，所以你要把它们放进备用的巢箱里并用布或是内盖盖上。如果你没有备用的巢箱，可以用一个纸板箱作为临时的仓库，再次盖住它。你不必考虑让这个纸板箱可以悬挂巢框，但是它要足够大以容纳所有的巢框。要确保巢框的摆放顺序和从原来的巢箱取出时的顺序一样，并且以相同的朝向来放置它们。

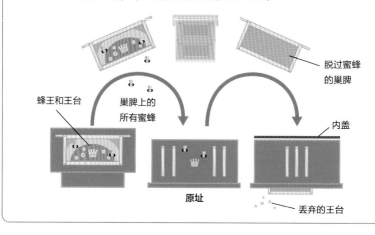

脱过蜜蜂的巢脾

蜂王和王台

巢脾上的所有蜜蜂

内盖

原址

丢弃的王台

6 当你处理巢脾时，找一下不带王台但是含有卵、幼虫和封盖子的巢脾，将它放进新的巢箱里而不是临时的仓库里。

7 以这种方式清理完所有的巢脾，拿出原始的巢箱，放在新的巢箱之上并把蜜蜂刷进去。蜂王现在应该是和所有的蜜蜂在这个新箱体里了。

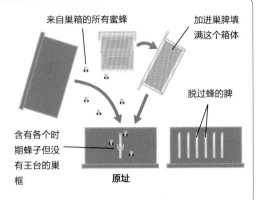

来自巢箱的所有蜜蜂

加进巢脾填满这个箱体

脱过蜂的脾

含有各个时期蜂子但没有王台的巢框

原址

8 把隔王板和浅继箱不加内盖放回原处。

9 拿出脱过蜂的子脾，把它们以正确的顺序放进原来的箱体里。用新箱体里"备用的"巢框填满最后的空间。

10 在浅继箱上放上原来的巢箱，然后是内盖和大盖。将你的备用的"新"大盖、内盖和箱底板留在蜂场里。

11 24小时之后，哺育工蜂将被吸引到蜂子处，并在顶部原来的那个巢箱里了。

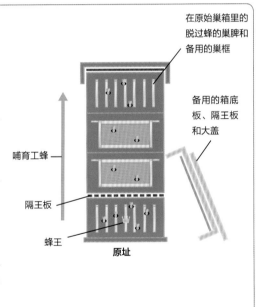

在原始巢箱里的脱过蜂的巢脾和备用的巢框

备用的箱底板、隔王板和大盖

哺育工蜂

隔王板

蜂王

原址

12 次日，返回来处理上部的巢箱。在选好的位置放上一个新的箱底板，把上部的这个巢箱放上去。把备用的内盖放在原来的蜂箱上，再把大盖放在这两个箱体之上。

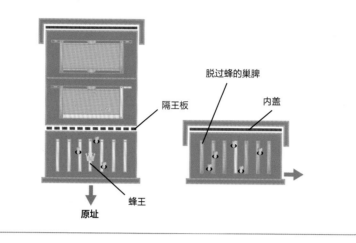

脱过蜂的巢脾

隔王板

内盖

蜂王

原址

现在，你已经完成了"人工分蜂"的第 1~7 步。你正在原址上的一个新巢箱操作蜂王和飞行的蜜蜂。这个蜂箱仍然有浅继箱，蜂子在不同位置上的新箱体里。从"人工分蜂"方法里的第 8 步起，你就可以完成你的分蜂控制了。

有许多种控制分蜂的方法。实际上，只要你考虑一下蜂王发育的时间表并记住将蜂王、蜂子和飞行蜜蜂其中之一同其他两部分分开的原则，你可以制定你自己的方法。

如果你发现王台含有卵或非常小的幼虫，你又确实有时间，就不用马上行动。你有两三天的时间来获得帮助。如果没有别的事，你还将有时间去想一想。

丢失分蜂群后要采取的步骤

如果在检查蜂群时发现了封盖的王台，你可能已经丢掉了带有老蜂王的分蜂群。你要做的第一件事情就是查找整个蜂群，看看能否找到蜂王。如果你做完了，然后从上面的人工分蜂方法里的第 5 步开始做。

如果有多于 1 个或 2 个的封盖王台，马上查看工蜂房里是否有卵。如果没有，仅仅是幼虫，你可以肯定蜂王及其分蜂团已经飞走了。另一个蜂群无王的征兆是蜜蜂脾气更坏了。

如果蜂王已经飞走了，而蜂群里的所有王台又都被封盖了，现存的幼虫日龄都偏大，将王台减少到只有一个大的。这时，不要让任何人蛊惑你留下两只未出房的处女王。如果你这么做了，很可能会失去另一个分蜂团，外加一起出房的两只处女王中的第一个。

如果你发现有封盖的和未封盖的两种王台，毁掉所有的封盖王台，一周后再来检查一遍，以便将剩余的王台减少到只有一个。这只处女王将羽化并随后飞出去交尾、返回和领导蜂群。

如果你发现一个或多个王台在端部是开口的且里面没有任何东西，则你的蜂群已经随着处女王们的相继羽化而产生一个个小的分蜂团都离家出走了。这时你就需要检查所有的王台，特别是那些成熟的王台，即工蜂们将顶端的蜂蜡移走，露出棕色的羊皮纸状的茧。或许，在蜂群

一个开口的王台，从这里处女王已经羽化了

如果蜂群已经分蜂了，你可以打开一个成熟王台并释放这只准备出房的处女王

里已经有一个处女王丢失了。

拿着你的起刮刀或袖珍折刀，用弯角打开王台的顶端。如果发现有活的蜂王在里面准备羽化的，就立即释放它，这将保证你的蜂群有一只潜在的新蜂王。然后，你需要毁坏所有的发育王台。请记住：无论你做什么，都不要留下封盖的王台和一只处女王在同一个蜂群里。如果蜂群里还有足够多的蜜蜂、一只释放的处女王和一个被幼虫占领的王台，那么，通常此蜂群仅产生了一个分蜂团。如果你在释放处女王之后，已经毁掉所有的王台，即使有另一个处女王共存的情况下，这个蜂群也将不会再产生分蜂团了。其他阻止分蜂的因素是该蜂群有很少的飞行蜂或它变弱了。

2周之后，检查你的蜂群以确定你的处女王已经交尾并开始产卵。然后该蜂群将回归正常。

蜂群合并和扩增

当我们在前面一节中讨论控制分蜂的时候，我们注意到分蜂是蜂群水平的繁殖。人为分蜂的结果是产生两个蜂群：一个有原来的蜂王，一个有新蜂王。如果你饲养两个蜂群，那么就每年都重复一下这个过程，然后就不会有蜂群趋于死亡，这个简单的翻倍过程将会使你快速地成为世界上拥有蜂群数最多的养蜂者。

然而，蜂群确实会由于种种原因死掉。存活下来的蜂群，无疑都是那些你想要饲养的蜂群。巩固蜂群数量的一个较好时间，就是在夏季采蜜季节之后和秋季流蜜之前，如从常春藤到石楠属。那时，你要撤走所有的浅继箱。

考虑一下人工分蜂群，你最终有一个由母（原来的）蜂王领导的蜂群和一个由女儿王领导的蜂群。或许，你仅有饲养其中一个蜂群的空间，所以必须做出选择。你知道母蜂王领导的蜂群是如何工作和表现的。母蜂王们会随着它们变老而产生越来越少的卵，但是某些蜂王能够领导繁殖性的蜂群进入到第三年，所以你可能想要保存它们。另一方面，女儿王领导的蜂群可能展示出更好的潜力。例如，可能是更好脾气的。如果你能够同时管理两个蜂群一段时间，你就能够做出比较了。

我的建议是杀死你不想要饲养的那只蜂王。你的记录或你的直觉可能会明显地告诉你，哪一个蜂王是你更愿意在蜂场里保存到来年领导一个蜂群的。在开始这个合并过程之前，先要杀死那只你不想要的蜂王。

最人道并且最快速的杀死蜂王的方法是用拇指和食指用力地挤压它的胸部。如果你觉得不能这样做，把它放在一个容器里，放进冰箱24小时。它将因为冷而变得不动了并安静地死去。

杀死蜂王

合并

你现在有两个蜂群，一个被称为有王群（即有一个产卵王）和一个无王群——它需要被合并到一个有蜂王的蜂群里去。这将需要至少移动其中一个蜂箱或者是两个蜂箱都移动。

当你将一个蜂箱移动时，归来的采集蜜蜂会返回到它先前的位置，过一会儿它们就开始找寻它们的蜂群。如果没有找到，它们就接近最近的蜂箱并对当地的守卫工蜂表示顺服以请求被放入。这些新到来的蜜蜂展示它们的臭腺，发散信息素到空气中，招引同伴来到这个蜂箱，不久后蜂群状态就趋于正常了。可是，你可能会发现，在接受这个新蜂箱作为家园之前，一些蜜蜂将继续检查旧址达好几天。

如果在附近已经发生有一些盗蜂行为了，则这个蜂箱可能是极度防御的。它们可能不会接受这些新蜜蜂的降服姿态，并且会将这些投降的蜜蜂杀死。你可以尝试把这个接受群移到介于两个巢址中间的一个位置，来帮助预防这种杀戮事件的发生，使得两个巢址上的巢门口归来蜂被有效地混杂了，并最终减少了在那里的打斗。

报纸合并法

这种方法是要把一个蜂箱放在另一个之上，中间用一张报纸隔开，这是最有效的合并方法之一。这张报纸必须足够大以完全盖住巢箱的顶部。如果一张报纸不够大，可以用胶带将两张并在一起。

打开合并期间处在底部的那个蜂箱，并将该巢箱中的上框梁上的蜂蜡和蜂胶刮干净。在其上展开报纸，折叠起几个角，用图钉按住报纸或用隔王板压住报纸。否则，即使在一个无风的天，只要你放手，一阵微风也能将这张报纸吹走。

尽管不是十分地必要，但是许多养蜂人还是通常会用起刮刀

在下面的巢箱上放置报纸

风常将报纸吹走

用隔王板压住报纸

的角在报纸上弄几个非常小的裂缝或窟窿，据说可以鼓励蜜蜂从此处开始撕咬报纸。

在最顶层的蜂箱里，清理巢框的下框梁，移走任何的联结脾或其他可能撕裂报纸的凸起物。然后把这个蜂箱小心地放在报纸之上。如果巢箱的外表面不是齐平地大小对应的，不要尝试把一个盖在另一个之上——这将撕裂报纸，导致两个蜂群因为接触太快而引发工蜂间的打斗。

在报纸上扎出一些窟窿

从下框梁上清理联结脾

添加上部的巢箱

抖进剩余的蜜蜂

放上内盖

放上大盖

随着蜜蜂们缓慢地撕咬掉报纸屏障，并被给予时间来习惯对方群的气味，蜂群将会和平地合并。

蜜蜂们在撕咬报纸

将这些蜂群在原位放一周，然后你就可以仔细检查这些巢箱了。首先，抬起上部的巢箱放在翻过来的大盖上，你需要重新排列巢脾。把含有蜂子的巢脾放置在底部巢箱里，其他的巢脾放在上部的箱体。食物脾应该放在底部巢箱的子区之上。蜜蜂可以这样越冬，到了春季，你可以将这个蜂群紧缩到一个单一的巢箱里。通常，会有足够多的由合并蜂群所获得的来自两个巢箱的食物（蜂蜜）来提供越冬期间的大部分食物。肯定会有一个合适的、必要的越冬储藏的比例。如果是高产的蜜蜂，你可能会发现一个巢箱里有太多的子脾。如果是，把它们放在原处。这样的蜂群可能比较适合一个双层的巢箱管理系统。

合并的一般原则

■ 当把一个无王群与一个有王群合并时，无王群在上面。

■ 当把不同大小的蜂群合并时，如合并一个小核群到一个满箱的蜂群里以便更换蜂王时，小群（小核群）放在上面。

■ 当你移动一个蜂群去把它合并到另一个放在原群巢址的蜂群中时，被移动的蜂群在上面。

为了合并一个小核群到满箱群，首先要把小核群里的巢框移到满箱的巢箱里去，用巢础框或造好的脾来填满空间。

合并摘要

1）杀死你不想要的那只蜂王。

2）清除底部巢箱的上框梁和上部巢箱的下框梁。

3）用报纸盖住全部巢箱区域。

4）把无王群、小群或被移动的群放在上面。

5）放上内盖和大盖。

6）一周之后重新排列巢框。

蜂群扩增

　　如果你想要增加蜂群数，而你正准备饲喂蜜蜂，又没有蜂蜜储存，你就可以容易地把你的蜂群从一个扩大到5个或6个。可是，这需要技巧和经验，所以我推荐你以小规模开始。

　　通过采用人工分蜂的方法来控制分蜂群，你将很容易做到这点。这包括将蜂王和飞行的蜜蜂留在原址，将子脾移动到一侧。一周后，这个巢箱再被移走。如果你让这些蜜蜂饲养一只蜂王并且它也成功交尾，这将带给你两个蜂群。如果你想要多于两个蜂群，我建议你，不要再次移动那个有蜂子的巢箱，最多把它分为三部分。人工分群的次数将部分地取决于你可以得到的设备数。每一个分出群都需要有一个家，这个家可以是一个小核箱，也可以是一个带有箱底板、内盖和大盖的巢箱。

人工分蜂后的均分蜂群

1 在将要被均分的有蜂子的巢箱A附近放上一定数量的箱体，这是来自将被迁离原址转到新址的分蜂群的蜂子。

2 检查子脾看看有没有王台。你需要为每个分出群挑选一个带有蜂子的巢脾，其上还要至少含有一个好的王台。

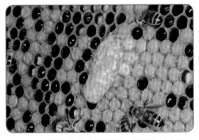

为每个分出群选留一个好的封盖王台

3 在每个分出群放一个带有蜂子及其附着蜂的巢脾，留下一个在巢箱 A。

4 每个分出群要至少放一个巢脾的食物。你不必留下一个巢脾的食物给巢箱 A，因为它仍有飞行的蜜蜂，它们将继续采集。组成分出群后，你还含有太多的蜂子和不是足够的食物脾。

一个食物脾

5 如果在巢箱 A 里没有足够的食物脾来分给一个或每个分出群，你可以从你的其他蜂群调用一个或几个食物脾。从巢箱 A 中拿出一个子脾，抖掉上面的蜜蜂到一个分出群中。毁掉这个脾上所有的王台。从供体群拿出一个食物脾，抖掉其上的蜜蜂到各自的蜂箱里。用子脾取代它。把食物脾放进适当的分出群。如果你没有另外的能捐献食物脾的蜂群，请将分出群的数量减少到可以得到的食物脾的数量。

毁坏所有不想要的王台

6 "巢箱 A"现在含有一个子脾带有一个选留的王台和剩余的带有附着蜂的子脾。你现在需要在所有的分出群之间分配这些蜜蜂，不要忘记巢箱 A。根据分出群的数量，大致均分剩余巢脾的数量，然后抖落适量的蜜蜂到每个新箱体里，把脱过蜂的巢框归还到巢箱 A。因为巢箱 A 仍含有飞行的蜜蜂，并且分出群的飞行蜂也会投奔到"巢箱 A"，所以当你在分配蜜蜂时，要偏爱一下新分出群，使得所有的分出群都含有大致相同的蜂量。你也不必毁坏被调进子脾上的任何王台，将不会有小的分蜂团出现。

7 在分出群的箱体里排列巢脾，以便子脾紧靠在箱体的侧壁或前壁，紧邻食物脾。用多余的巢框填满箱体。

　　有许多种其他的增加蜂群数的方式。为了造出大量的新蜂群，你需要适当的设备，但是如果你是一个养蜂新手，这将是一笔额外的费用。请牢记：每一次你所进行的成功分群，最终都将需要 1 个箱底板、1 个巢箱、3~4 个浅继箱、1 个隔王板、1 个内盖、1 个饲喂器和 1 个大盖。

蜂王介绍

一群蜂的全部特性来源于它的蜂王,改变蜂王则整个蜂群将会改变。一些养蜂者由于能够饲养上千只的新蜂王并出售给其他的养蜂人,已经开发出了一个子行业。在这个国家,这些蜂王被以小笼子的形式转运,几只伴随工蜂被装在里面,从笼子末端的一个小的食物供应处饲喂蜂王。通过普通的函件邮寄给养蜂人。但是,有很高比例的蜂王,都被提供给它的伴随工蜂们给杀死了。

所有的书籍都单独分出章节来写往一个新蜂群里介绍蜂王,某些养蜂人常常以"坏的脾气"为由给他们的蜂群换王。与你所在区域正常蜜蜂相比,新蜂王越是外来的和不同的,它的后代越可能成为强防御性的(从我们的观点来看就是进攻性),而这最可能发生在有杂交渊源的蜜蜂品系或品种。不过,这些特性也会随着新蜂王与本地雄蜂的自由交尾而退化,只要几个世代的饲养即可。

迄今为止,改变蜂王仍是一个关键的技术。如果不淘汰那些产生坏蜂群的蜂王、以这些从好蜂群饲养的蜂王来替代,一个蜜蜂品系将不能被维持。那么,问题出在哪里?一是多数的蜂群仅含有一只蜂王,所以必须忍耐没有其他多余的;另一个是如果蜂王在介入后的几个小时内死掉了,蜜蜂将开始从新孵化的幼虫中饲养一只接替的蜂王。一个养蜂人如果在8月发现一个蜂群里没有蜂子,他就可能推测这个蜂群里也没有蜂王。这不是必然的,因为无子的蜂群并不一定是无王的蜂群。

要做的第一件事情就是确定这个蜂群实际是无王的而不是蜂王由于某种原因已经停止产卵了。可以插入从其他群调来的含有卵的巢脾并在7天后进行检查,如果蜂群无王,工蜂将会在这个子脾上开始改造王台。如果这个蜂群有蜂王,则不会有改造王台出现。

在引进一只新蜂王的时候,为了得到最好的结果,蜂群必须是最近才无王的,即你已经杀死了不想要的蜂王,然后又引入一只。如果蜂群已经无王有一阵子了，它就更不愿意接受一只新蜂王了。任何无王的蜂群都将更容易接受一只与已经失去的那只蜂王处于相同状态的新蜂王。换句话说，如果你杀死了一只处于盛产期的蜂王，则这个蜂群更容易接受一只同样是处于盛产期的蜂王。引入新蜂王最安全的方式是，在小核群里用报纸合并法把它合并给除王的或无王的蜂群。

你也可能决定从供应商那里购买一只蜂王。它将要被装在王笼里，由几只伴随工蜂陪伴，通过邮局给邮寄过来。当该包裹抵达的时候，直接在王笼的铁纱网上给蜜蜂几滴水，把它放在一个暖和的、黑暗的和安静的地方（如通风橱）。然后你就可以杀死那只你不想要的蜂王了。

可是，邮寄来的蜂王已经有好一阵子不产卵了，而刚刚失王的蜂群又期望蜂王处在盛产期。最安全的处置措施就是弄出一个小核群——没有蜂王，如分蜂控制期建立小核群那样，但是没有蜂王。然后将你的蜂王引进到这个小核群里。在一个 5 框的箱体里的一个 3 框的小核群，允许巢框被暂时移开去放置王笼。

蜜蜂通过把蜂王围成一个蜂球，试图杀死一只陌生的蜂王。它们

一个用卷发器制作的巴特勒（Butler）王笼

来自各种不同设计但都有相同基本结构的商业性邮寄王笼和介绍王笼

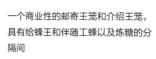

一个商业性的邮寄王笼和介绍王笼，具有给蜂王和伴随工蜂以及炼糖的分隔间

安置就位的蜂王王笼

也会对王笼这样做。因此介绍蜂王最安全的方法就是在一开始的进攻时期让蜂王待在笼子里。用邮寄笼或从供应商那里得到的其他类似的笼子都可以。如果你已经自己饲养了蜂王，你就可以把它放到一种被叫作巴特勒王笼的镂空的塑料管里。这是一种用你的尺寸合适卷发器做成的王笼，两端用适宜大小的报纸包住，再用橡皮筋束牢。

邮寄笼一端的洞要用一个炼糖塞堵住，用于在转运期间给蜜蜂提供食物。蜜蜂将会吃这个炼糖塞，并在吃的过程中释放蜂王。在巴特勒王笼的末端，蜜蜂将会咬穿报纸并以这种方式将蜂王释放出来。目的是延迟蜂王的释放，直到这个小核群安静和不被打扰。用这种巴特勒王笼时，我总是要用足够大的报纸，给蜂王一个尽可能大的能盖过它身体的区域。如果有必要，这会给予它一些地方以躲避蜂群里工蜂的注意。常会发现一些被介绍的蜂王丢失了足，可能是在一开始的进攻时期就被扯掉了。然而，蜂群里的工蜂必须被允许接触笼中的蜂王，以便获得它的信息素，所以蜜蜂们必须能够接触网格以外的其他地方。

在 24 小时之后，要确认蜂王出了王笼，并把它移动一下，朝上靠近巢框，但是不要做任何其他的事情。把全部的事情都留到下一周来做，直到你去查看，确定蜂王存在且活着。

这是一个你想要任何飞行的蜜蜂离开这个小核群的时机，所以不要关闭巢门，或者做任何阻止它们离开的事情。蜜蜂越老，它们对这只新蜂王的进攻可能性越强。另一方面，年幼的、新出房的蜜蜂将会更快地接受任何的蜂王。

当这只新蜂王在小核群里产卵很好的时候，杀死那只你不想要的蜂王，将这个小核群合并到你现有的无王群中去。许多养蜂者会藐视一些看起来是过于谨慎的做法，但是成功是需要加倍努力的。等到新蜂王的工蜂出房后再来合并蜂群会更好。蜂王有自己的工蜂越多，它将越安全。如果你想要知道得更多，请找一本与这个主题有关的书籍来阅读一下吧。

小结

- 仅能引进一只蜂王到你已经知道的那个无王群里，因为你已经移走了那只蜂王。

- 当最早引入蜂王到一个有很少的或几乎没有飞行蜂的小核群的时候，它是最安全的。

如果有人告诉你说介绍蜂王很容易，他很可能不是常做这个的。

饲料

当被养蜂人使用的时候，"forage"一词描述的是对蜜蜂可行的食物源。作为一个动词，它描述的是在花上工作着的蜜蜂的活动。为了它们自身的由花蜜和花粉组成的食物，蜜蜂拜访花。有些植物的蜜腺是与花内蜜腺分开发育的，所以蜜蜂也从这些花外蜜腺（产生花蜜的地点）采集花蜜。一个例子就是蜜蜂在月桂树的叶子上采集花蜜。蜜蜂也采集蜜露、树芽上的树脂（蜂胶），当然还有水。

一只蜜蜂正在月桂树的叶子的花外蜜腺上采集

花蜜

花蜜是富含糖的液体，多数由花内的特殊区域（称为蜜腺）所分泌的。一种花所产生的花蜜是不同于另一种花的，这使得你可以在商店的货架上见到那些有不同花香和不同颜色的蜂蜜。

樱桃花基部的花蜜

不同的花已经发育出不同的结构，当一只蜜蜂、另一种昆虫、一只鸟或一只蝙蝠来采集花蜜的时候，这些结构能够保证花朵被授粉。多数情况下蜜腺是深藏在花朵之中的，当一只授粉者经过花药探寻花蜜时，它的身体上就被花丝掸子打到了花粉，当这只授粉者拜访同物种植物的另一朵花时，其身上的花粉就被转移到其柱头上了，进而引发授粉过程和种子产生。

某些花在它们的花瓣上有花蜜向导。有的是明显的花纹，如番红花，但其他的则反射紫外光并且是我们的眼睛所不可见的。这是因为人类和蜜蜂看见的是光谱的不同部分。不像我们人类，蜜蜂不能看见红色，但是它们能够看见紫外线，因而这种不可见的花蜜向导指示着一朵花的蜜腺位置。花蜜向导也可能是以对蜜蜂来说比较明显的气味标记的形式存在，蜜蜂通过触角可以闻出来。花的气味也被蜜蜂蜡质的体表所感觉。当采集蜂返回到蜂箱用舞蹈告诉同伴蜜源的时候，应招者将会闻到这些帮助引导它们到正确的花朵上去的气味。

在一年中早期进来的饲料被用来发展蜂群群势，直到采集蜂在一个好天气里采集的花蜜比蜂群能够吃完的花蜜多得多时，多余的花蜜就被储存在巢脾里面。蜜蜂在一天里完全能够采进超过 5 千克的蜂蜜。

流蜜期

很多产花蜜的花朵都在 21℃ 及其以上的温暖天气里开花，带着土壤中的湿度，就产生了一个流蜜期。

飞行的蜜蜂发现蜜源后，就返回到蜂箱与更多的工蜂交流它的位置，于是这些工蜂就加入到采集者行列，由此产生的蜂蜜产量是非常大的。在 20 世纪 50 年代，一个澳大利亚的养蜂者平均可从 400 群中收获 320 千克的蜂蜜。据我所知，在英国一个养蜂人可以用 17 群采集到 2 吨的蜂蜜。可是，这样的结果是不常见的。在英国，每年每群平均产蜂蜜 9~14 千克。

蜜蜂舞蹈

约占蜂群5%的是侦察蜂，它们会飞出去寻找新的食物源，然后还要与蜂群里的其他采集者交流食物源的位置，它们以一种气味、声音和移动相结合的方式做这件事。蜜蜂的这种舞蹈语言首先被卡尔·冯·弗里奇（Karl von Frisch）教授所破译。它有两种主要的形式：圆舞和摆尾舞。

圆舞

圆 舞

圆舞表明食物就在附近

在这个舞蹈里面，侦察蜂绕着一个圆圈跑动，在跑完一圈后向着相反的方向再跑一圈。它重复这个动作许多次，吸引应招者。它的蜡质外表已经从花上获得了气味，这些再被应招者所学习记忆以便它们知道要出去找寻什么。跳这种舞蹈的侦察蜂简直就是在说："出去吧，就在蜂箱周围 10 米的半径里寻找就行了。"

当蜜蜂从一个饲喂器获取到糖浆的时候，它们也会跳这种圆舞，这就是为什么其他的蜜蜂很容易找到你可能溅在蜂箱上或地面上的任何糖浆的原因。糖浆有一种气味，你的一次无心的飞溅，就能够鼓励蜜蜂的一种作盗行为。

各种圆舞表明从蜂箱到食物源的距离在 100 米以内。

摆尾舞

这是一种更复杂的舞蹈语言，它能传达 100 米以外的食物源的方向、

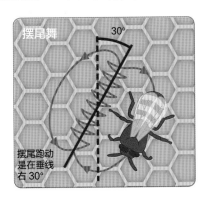

摆尾舞

30°

摆尾跑动是在垂线右 30°

距离和质感。侦察蜂站在巢脾上以每秒 15 次的频率摆动它的腹部，然后向前直线跑动、转向，以一个半圆跑回到起点，再沿着相同的直线开始跑并摆动腹部，可是，这次它转向另一个方向，也跑个半圆回到起点。随着侦察蜂重复这些动作，巢内感兴趣的蜜蜂将触碰它并跟随

它。由此从它的体表那里获得关于食物类型和气味的信息。舞蹈蜂摆尾的强度告诉跟随者食物源是何等的丰盛，而每 15 秒跑圈的次数表明食物源距离蜂箱有多远，次数越少表明距离越远。

一只正在跳摆尾舞的工蜂

脾上的应招者制造了几乎是我们听不见的嗡嗡声，当舞蹈蜂听见这些声音的时候，它就停下来，饲喂给它们一些它发现的花蜜，以便让它们知道要出去寻找什么。

舞蹈蜂的直线跑动表明食物源相对于巢门的方向。这种舞蹈是在黑暗的蜂箱里发生的，所以在起飞离开蜂箱之前，蜜蜂使用太阳作为一个参照物。在蜂箱里，太阳的"方向"是垂直向上的。如果一只侦察蜂想要传达一个食物源在太阳右边的 30° 方位，它将向着垂线右 30° 的直线跑动。这个舞蹈确实很神奇的地方就在于随着太阳在天空中的移动，舞蹈蜂会改变它跑动的角度。

蜜蜂的蜂蜜需求

一个蜂群每年大约需要 136 千克蜂蜜才能日复一日地存活。养蜂人仅见 14 千克的蜂蜜剩余，但你需要记住这是处在基本口粮的顶端，这可能把偶尔的 90~140 千克剩余都考虑进去了。就我所知，英国的剩余蜂蜜产量的官方记录是 199 千克——差异太显著了！

蜜源

那么，哪些植物产生我们需要的蜂蜜呢？在英国，蜜蜂采集的植物列表是令人惊奇地一致的。所有的植物都有一个开花期，并且相同的植物将会在英格兰南部开花较早，随后渐渐地向着北部推进。随着海拔高度的增加，同样的效应也会发生，山脚下的花比山顶上的花先开放。

在英国的某些地区，有着一些当地独有的、能够产生某种独特风味蜂蜜的植物群。最常见的特殊种类蜂蜜植物之一就是孤独石楠花，学名叫帚石楠，还有铃铛石楠，学名叫苏格兰欧石楠。其他的特种作物包括琉璃苣和海补血草。

石楠   琉璃苣   油菜

油菜

欧洲油菜是自中世纪时代以来在英国栽培的一种农作物。种植它主要是为了从种子里榨出油。40 年前，它可以很好地产生花蜜，但现在养蜂人发现它越来越少。尽管它在温暖的春季仍然是一个主要蜜源，在英国全国范围内广泛种植，特别是在可耕种的种植区。

在 20 世纪 60 年代，蜂蜜可以被留在蜂箱里直到 7 月底，蜂蜜仍然是液体的且很易摇取出来。含有高比例右旋糖的蜂蜜结晶非常快，油菜花蜜就是一个最好的例子，这将影响其他的大多数含有某些油菜花蜜的蜂蜜。油菜花蜜甚至可能在被摇出之前就结晶了，于是不得不毁坏固体的巢脾以移出蜂蜜。现代实践表明，只要有足够多的巢房被封盖了，并且在蜂蜜有可能开始结晶之前，就要及早摇出了。这意味着在 5 月中旬到 6 月中旬之间就得摇出蜂蜜。就在你以为已经成功摇出了你的油菜花蜜之时，如果蜜蜂又发现了一片在 6 月开花的春播油菜，你或许就该考虑马上转场了。

在采集油菜花蜜的同时，蜜蜂也可以在槭树科的植物上工作良好，如挪威槭、栓皮槭和假挪威槭。果树也在那一时间开花，与两种醋栗果——黑穗醋栗和红穗醋栗及鹅莓一起开花。

蜜蜂可以在大范围内的花上采蜜，正是几种不同物种的不同数量的花蜜的联合，才给予蜂蜜以各种各样的风味。

苹果

6 月断蜜期

尽管在全球变暖的这些天里，花蜜枯竭期是不太明显的，但是在许多地区的春季大流蜜和仲夏大流蜜之间有一个花蜜断档，这个被叫作6 月断蜜期。在你所在的地区，可能它是相当好界定的，不然你就根本不会注意到它了。

在都市里，4~9 月的蜜蜂活动季节，总是有一些在任何时间都可以让蜜蜂采集到花蜜的植物，城市郊区是蜜蜂最理想的采集区。

主要流蜜期

6 月末是主要流蜜的开始。树木仍然是好的蜜源，譬如欧洲椴和欧洲栗，当天气条件良好的时候，两者皆能产生很好的花蜜。在某些地方，

西洋栗

黑莓

夏季流蜜止于7月中旬。在其他地方，黑莓和柳兰在8月继续流蜜。此后，随着花蜜断档，蜜蜂开始转而热衷于试图去其他群偷盗或掠夺蜂蜜了，它们也可能变得更易怒了。尽管是末花期，但是如果有好天气帮助，蜜蜂们的努力或许也会有很少的回报。

石楠蜜

孤独石楠在英国南方从7月底开始开花，往北到8月中旬。某些养蜂人会迁移蜜蜂，转场到专门生长石楠属植物的荒野高原，来利用这个近乎是尾声的花期。强壮的蜂群连同通风纱盖，一起被用皮绳捆住，带到该作物上面去。我建议你在冒险进行追花采蜜之前，先要获得一些经验，包括不同的技术和设备。尽管此处放蜂确实很过瘾，因为石楠蜜是触变性流体（浓稠的，黏滞的），经常被作为切块蜜来出售。

常春藤

一年中最后的蜜源是常春藤。它大约在9月底开始开花，在温暖的秋季可以有很好的产量。如果你已经饲喂了你的蜜蜂准备越冬，你可能就要适当地给予蜂群一个浅继箱来提供储存花蜜的空间。常春藤花蜜

在石楠场地上的蜂箱

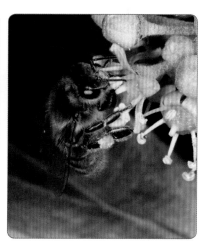

常春藤

结晶很快，并且会像油菜花蜜一样变硬，所以如果你想要摇取到它，你就需要检查它何时成熟并及时加以处理。

蜜露

蜜蜂也采集蜜露。蜜露是一种由吸食汁液的同翅目虫子像蚜科的蚜虫和蚧科的介壳虫等排泄的糖溶液。这些被虫子分泌在叶子上和其他茎干表面的小滴的蜜露，在早晨经由露水稀释后，成为一种流蜜，通常在上午8点前结束并在第二天的早晨重新开始。

蜜蜂会从有严重蚜虫感染的树上采集蜜露，如李树、橡树和山毛榉树。在德国的松叶林木上，主要的蜜露生产者是介壳虫。蜜露颜色可能是非常暗的，有一个非常好的口感。

蜜蜂对多糖的溶液非常感兴趣，但是它们必须含有至少10%的糖分。低于这个含量，蜜蜂即使正在挨饿，也不会对其产生兴趣。多数花蜜糖含量为30%~40%。当蜂群食物中糖含量较低时，如果它们发现一个蜜源，它们会变得非常兴奋，但这个兴奋反应随着糖含量的增加反而会减弱。这相当于饲喂器中给予蜂群的糖溶液。

天气的影响

无论有多少种的花，天气才是会发生什么的最终仲裁者。流蜜需要花与温暖的天气和一个好的湿度水平相结合。太阳不是绝对地需要的。实际上，最好的流蜜发生在阴暗的、多云的和潮湿的天气。

细心的养蜂者将是第一个识别出流蜜的人。蜜蜂在蜂箱巢门前的活动极大地增加了，回巢的蜜蜂飞行很沉重，足向前举着以平衡其腹部的花蜜重量，它们匆忙地进入蜂箱。在整个蜂群周围，有一种活跃和喧闹的氛围，浅继箱会被快速地填满，所以检查一下是否还需要更多的浅继箱。

花粉

在一年里，一个蜂群需要采集和吃掉大约45千克的花粉。它富含氮，是蜜蜂的蛋白质来源。可是，没有哪一种花粉可以满足蜜蜂对所有的蛋白质需求，所以仅仅接触一种花粉的蜜蜂，将会遭遇营养不良，就像我们人类一样。

如果你适当地照顾它们，到了春季，你的蜜蜂们会有足够的食物储备，但它们仍需要新鲜的花粉。我们当地早开的许多花，产出许多花粉但是它们的花蜜产量较低。

当蜂群需要花粉时，蜜蜂将主要采集花粉。你将注意到不同颜色的花粉团被带进蜂箱并储存在巢脾里。那些介绍不同花粉颜色的书籍，能够让你识别你的蜜蜂正在采集的花朵种类。

不同的花粉颜色指示着你的蜜蜂拜访了哪些物种的花

添加浅继箱

对一个养蜂者来说，添加浅继箱意味着按蜜蜂的需求提供额外的空间。蜂王被用隔王板限定在巢箱里，通过在巢箱之上添加浅继箱增加了空间。因为蜂王不能进入浅继箱，里面的巢脾就是无子的，蜂蜜就被储存在这些没有被用来育子的巢房里。

没有标准规定蜂子框和浅继箱巢框是不可等大的。可是，在英国，多数的养蜂者使用浅的箱体和浅的巢框作为浅继箱。这种巢框被称为SN1，且与DN1蜂子框等宽，但仅有14厘米深。我认为在割掉蜜盖和移走蜂蜜方面，它们更容易操作。但是如果你打算用蜂子框大小的框储存蜂蜜，你需要更多的这样的巢框。在大多数的采蜜季节，你将需要为每群准备3~4个浅继箱来越冬。

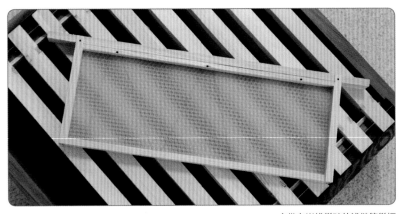

一个带有嵌线巢础的浅继箱巢框

要是蜂蜜被留在蜂箱里太长时间，许多早期由蜜蜂采集的蜂蜜就可能会在巢脾里结晶，可是，当蜂蜜准备但还没有结晶的时候，在移走部分蜂蜜方面，现在的浅继箱给予人们更多的灵活性。另一个要考虑的是重量。一个深的"本地箱"巢框可以容纳大约2.3千克的蜂蜜，这意味着加上巢框和箱子的重量，一个非常满的被用来作为浅继箱的巢箱将重达25千克。一个满的容纳 11 千克蜂蜜的浅继箱，加上巢框和箱子，对于我们大多数来说是足够了。从使用浅继箱开始吧，看看你会进展如何。

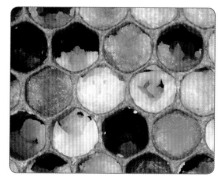

蜂蜜在巢脾里结晶

　　蜜蜂整年都储存不同的蜂蜜。在春季，当子区发展的时候，它们想要远离子区储存蜂蜜。在这个阶段，一个蜂群想要的空间比你能够想到的还大。所以，你要什么时候添加第一个浅继箱呢？简单的回答就是当巢箱充满了蜜蜂的时候。同样地，当第一个浅继箱里充满了蜜蜂时，添加第二个浅继箱。

　　如果你在春季已经大量地饲喂了你的蜜蜂来刺激蜂群发展，它们将储存了一些这样的糖饲料。第一个浅继箱会很快地被蜜蜂从巢箱里转运过来的这些储存饲料所填满，因此，在你的第一个浅继箱里，你将有一个糖和蜜的混合物而不是纯粹的蜜。对于这个潜在的问题，我的回答是，春季饲喂仅仅在蜜蜂真的需要时才进行。

第一个浅继箱

　　如果你确定蜜蜂需要一个浅继箱，你就要去准备一个隔王板，它应是不含赘脾和蜂胶的。当你刮取隔王板时，要确保它放在一个像蜂箱大盖那样的平面上。小心仔细，不要碰坏每个凹槽。如果你把它们弄

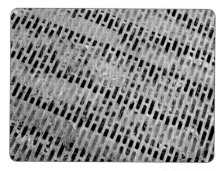

一个锌片隔王板

变形了，它们可能就会大到足以让蜂王通过了。

以正常方式打开蜂箱进行蜂群检查，把巢脾依次放回并把它们推紧。把上框梁上的蜂蜡和蜂胶清除掉，放上隔王板，接着放上第一个浅继箱、内盖和大盖。

蜜蜂开始会有一点不情愿在那里加长巢础，但是当它们需要新的巢脾时，它们将向上移动进入浅继箱。在造脾过程中，通过从第一个浅继箱里取出一对造好的脾与第二个浅继箱里的巢础框对换，它们可以被鼓励进一步向上移动进到第二浅继箱，把造好的脾放在第一个浅继箱里蜜蜂最密集之处的上方。两个浅继箱都要用巢框补足。

在一个好的季节，蜜蜂会需要第三个浅继箱。当它们开始占据它时，你可以检查其他的浅继

放在巢箱和浅继箱之间的隔王板

安装在脱蜂板上的 Porter 脱蜂器

箱。一些蜂蜜就可以被移出了，或许整个第一个浅继箱的。可是，减少了蜂箱里的空间会引起蜂群的拥挤，这就是你的第四个浅继箱要放上去的时候。先把第一个浅继箱搬下放到一边，再把第二个和第三个浅继箱叠放到巢箱上，然后把第四个浅继箱也放上去，这时放一个带 Porter 脱蜂器的脱蜂板，最后是放上那个已经满了的第一个浅继箱，盖上内盖和大盖。蜜蜂仍会进入到这 3 个浅继箱，并未失去任何的空间。从浅继箱清理蜜蜂的方法将在第四章里探讨。

在有好蜜源的地方，假设有好的天气条件，蜜蜂能在不到一周的时间里用造好的巢脾填满一个浅继箱。如果时间刚好，不要害怕一次放更多的浅继箱上去。如果它们不需要第二个浅继箱，蜜蜂将会忽略它。但是如果在那里不添加浅继箱，蜜蜂就无法将采回的花蜜进行存放。

造好的浅继箱，是一些含有造好巢础的巢框并会被很快填满的浅继箱。仅仅是在你养蜂的第一年，你就会遭遇到不得不给你的蜜蜂准备如此多的巢础。

在6月末和7月初，蜜蜂正在储存蜂蜜，同时也在发生一些变化。蜂王的产卵比率正在下降，子区在缩减，这种急迫，至少对于英国本土的蜜蜂而言，就要开始巩固了。一年中的此时，在你添加另一个浅继箱之前，你要确保现有浅继箱已经被很好地填满了。随着子区的缩减，蜜蜂会开始在巢箱里储存蜂蜜，这意味着你随后将减少饲喂了。与黑色的本地蜜蜂相比，黄色的意大利蜜蜂很少有这个倾向，它们将需要更多的食物来度过冬季。实际上，一旦移走了浅继箱，这些蜂群将基本没有食物了，需要立刻得到以糖浆形式的食物补充。

如果你的蜜蜂放在帚石楠的大片蜜源附近，移走含有夏季蜂蜜的浅继箱，给予蜂群一个新的浅继箱来装石楠蜜。它有一个浓郁的独特气味，是触变性流动的，有一个啫喱状的稠度。正如上文提到的，它经常以"块蜜"出售，将整个的巢脾切片，包括蜂蜡，被一起吃掉。显然，如果你打算生产块蜜，你需要给你的浅继箱巢框安装未埋线的巢础。然后，你可以把巢脾切成块并放在适当的容器里出售。

瓶装石楠属蜂蜜

未埋线巢础

第四章

蜂产品生产技术

蜂蜜

蜜蜂采集蜂蜜是为了蜂群在冬季使用，使蜂群能够存活到下一年的春季。反过来，养蜂人照顾蜜蜂，分享了这一收获。在某些年份里，如果没有得到养蜂人的照顾，许多蜂群将会死掉。

养蜂人已经设计了许多种从蜜蜂那里移动一箱填满蜜的巢框的方法。当巢脾含水量减少到大约18%时，蜂蜜巢房就被蜂蜡封盖了。蜜蜂在封盖下留出了一个气室，这使得巢脾看上去非常白。你要寻找一个里面75%~100%的巢脾表面都被封上盖的浅继箱，然后拿出巢脾并摇出蜂蜜。你可以等着直到浅继箱里的所有巢脾都被完全地封上盖了，或者你可以从不同的浅继箱里拿出几个封盖的巢脾组成一个由几个蜂群拼凑的临时浅继箱，等待摇蜜。浅继箱里的蜜蜂非常能够相互忍受，当

白色的封盖蜜脾

你从中提出巢脾时，可抖掉其上的蜜蜂。如果你没有造好的脾，请在浅继箱内的一侧添加巢础框。记住，不要留下任何的缝隙，否则蜜蜂会用野生的巢脾来填满它。

如果巢脾上不是所有的巢房都被封盖了，可以水平地拿起它，在蜂箱上方剧烈地抖动一下。要是花蜜溅出了巢房，那么蜂蜜就是不成熟的，如果此时你把"蜂蜜"摇出来，就很可能会发酵。还是乖乖地把巢框放回蜂箱，等待蜜蜂来减少其含水量吧。可是，如果仅有几滴蜂蜜被抖出来，这意味着即使巢房没有被全封盖，实际上也确实含有可被安全摇出的蜂蜜了。

为了有绝对的保证，你可以用折光仪来测定含水量。

浅继箱脱蜂

用 Porter 脱蜂器或改造过的脱蜂器（通常叫作加拿大脱蜂器），就可以实现浅继箱脱蜂。所有这些装置被设计成单向出口，允许蜜蜂通向一个方向（从浅继箱向蜂箱的其他地方），但是不能返回。

Porter 脱蜂器

Porter 脱蜂器被安装在脱蜂板或内盖上的一个洞里，如果你的板带有两个脱蜂器，蜜蜂将会被脱除得更快。这种脱蜂器由两个一起滑动的部件组成：上部的盖板有一个专供蜜蜂通过的向下的中心孔，下部的凹槽有两对有韧性的且有适度刚性的铜质或塑料的弹簧，它们被从脱蜂器的外侧面固定，留下一个缝隙，仅够一只蜜蜂通过。单只蜜蜂可以推开这个弹簧进入蜂箱的其

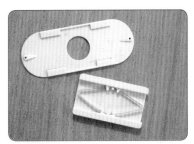
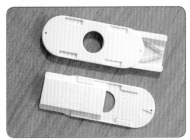

Porter 脱蜂器

他空间，但是如果蜜蜂要返程，这个缝隙又太小。

加拿大脱蜂器

这些种类各异的脱蜂器，都是基于蜜蜂可以一个方向通过但是不能轻易折返的原理而设计的。其中，一种工作得很好的就是菱形的塑料托盘，大约有一个蜂路那么深，固定在脱蜂板之下。蜜蜂可以通过板上的孔，然后在菱形的末端被漏到开口处，它们不能折返到浅继箱，除非脱蜂板留在蜂箱里的时间太长了，让它们从外面找到折回的路。菱形上的孔可将蜂群的气味透过，于是吸引着浅继箱里的蜜蜂。我建议你用图钉固定加拿大脱蜂器，以

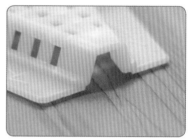

菱形的加拿大脱蜂器

便能轻易地将其卸下进行清洗。如果它们被堵塞了，那就不能用了。

把满的浅继箱放在一边。把其他的浅继箱重新叠放在蜂箱上。将脱蜂板放在这些浅继箱的最上面，以正确的方式安装，使最上面的逃出口向上。如果你把脱蜂器放颠倒了，那么，你将获得比你正在尝试去清空的浅继箱里的蜜蜂，更多的蜜蜂。把这个待清空的浅继箱叠放在蜂箱的最上面，盖上内盖和大盖。确保所有的入口（如饲喂口）都要被盖住。

一个好的加拿大脱蜂器可以相当快速地清空一个浅继箱。如果早上你放进去了一个，那么午后你将得到一个蜜蜂被脱除干净的浅继箱。24小时后，可以看到99%~100%的蜜蜂被脱除了，尽管你可能会发现还有极个别的遗漏蜜蜂。移走脱过蜂的浅继箱，盖上它以避免当你组装蜂箱时蜜蜂进入。移走脱蜂板，尽可能快地用内盖取而代之。如果你把它留在蜂箱上，蜜蜂将开始用蜂蜡和蜂胶填满其缝隙，使得它再也无法脱蜂。蜜蜂们特别喜欢将Porter脱蜂器上的弹簧附着端——将弹簧刚性

固定在原位的一端——蜂胶化，这
不仅改变了缝隙的大小，而且也相
当难以清理。

　　由于保有箱内温度，刚脱过蜜
蜂的浅继箱里的蜂蜜是温热的，比
较容易流动，所以不要让该浅继箱
变凉。在等待脱蜂板工作的时候，
你就要着手准备摇蜜作业区及其设
备了。一旦浅继箱脱蜂完毕，你就
要马上将其拿走，把蜂蜜及时摇出来。

脱蜂板

成熟蜜

　　封盖的蜜据说是成熟的，将有大约 18% 的含水量。在绵长的潮湿
天气里，这一比率可能更高，因为蜂蜜是吸湿性的，会从环境中吸收水
分。你可以用一个折光仪测定蜂蜜中的含水量，这种设备很昂贵。不过，
现在比较便宜的检测蜂蜜含水量的设备也有了。为什么你要这样做呢？
首先，因为有立法的要求，出售的蜂蜜中的含水量必须在 20% 以下。
其次，如果含水量太高，蜂蜜中自然存在着的耐糖酵母菌将会开启发酵
过程。如果你想要酿造蜂蜜酒，这样
很好，但是如果你想要食用或者卖出

折光仪

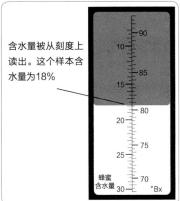

含水量被从刻度上
读出。这个样本含
水量为18%

折光仪刻度指示蜂蜜里的含水量

蜂蜜，这就不好了。所以，保存蜂蜜时要用一个气密的盖来盖住，以阻止它吸收空气中的水分，这样就不会带来相关的发酵风险。

流蜜末期

在流蜜末期，从你的蜂群撤出剩余的浅继箱。当你刚刚开始要这么做的时候，你就要去咨询当地有经验的养蜂人，询问一下本地的流蜜期情况和何时可以着手做。7月后，尽管天气暖和并且阳光明媚，蜜蜂也很活跃，但是却只有很少或者没有饲料可以被采进有蜂子的巢箱。意大利蜜蜂将迫切需要饲喂，因为它们倾向于利用获得的花蜜养育大量的蜂子而不是将它储存起来。

由于撤掉浅继箱会导致蜂箱内体积的突然减少，会引起一些蜜蜂悬挂在蜂箱外面。不要着急，蜂群通常会自行解决。这不会杀死它们。

大约在这个时候，也要缩小蜂箱巢门，让蜂群更容易防范作盗的蜜蜂和胡蜂。一个高5~6毫米、长100毫米的狭槽通常就足够了，但这还要取决于蜂群的大小和蜂群防御蜂巢的决定。虽然缩小了这个狭槽，但也是要留神这个蜂箱的。如果作盗的胡蜂或蜜蜂仍在设法进入，要将巢门缩得更小才行。如果有必要，可以把它缩到只能容纳一只蜜蜂的宽度。即使回巢的采集蜂不得不排队才能进入蜂箱，也比蜂群被作盗抢走所有的蜂蜜储备要好得多。更多的工蜂也将投入到守卫任务中来。

胡蜂的种群大小在一年中的此时是在减小的，当成蜂用嚼烂的其他类昆虫饲喂幼虫时，它

把巢门缩小到蜂群可以容易防御的宽度

们从幼虫那里所接受的分泌物奖赏（一种成蜂喜食的含糖液体）也在减少，因此成蜂就要出去寻找其他的甜味品来源。成熟的水果和果酱三明治吸引着它们，蜂箱里的蜂蜜储备同样也吸引着它们。这时，你的蜂箱密不透"蜂"就显得很有必要，只有一个通路可以通向巢门，这给了蜂群一个趋避不速之客的最好的保障。

一只守卫蜂阻止一只胡蜂进入蜂箱

提取蜂蜜

在养蜂的第一年，你可能不会收获蜂蜜，特别是你用小核群开始，并已经熬到采蜜季节一半的话。可是，如果你从非常少量的蜂群里获得蜂蜜剩余，你的问题将是需要有取蜜的设备和合适的场地。设备你可以购买，但是可能会很贵，特别是可能高于你的其他启动费用。许多养蜂协会拥有可以租借的取蜜设备，这将取决于你在头几年里的产量，直到你认为可以购买自己的设备为止。评估你的产量和决定你需要多少个容器的一个经验法则，就是一个满浅继箱大约能有 9 千克的蜂蜜。

蜂蜜和蜂蜡

　　热天的蜂蜜不如冷天的蜂蜜黏稠，并且很容易溢出巢房。因此，在你摇取蜂蜜之前，不要让满浅继箱处于无蜂状态太久，而是要立即处理它们。从蜂箱里取出的蜂蜜是暖的，非常容易过滤，特别是通过一个粗的过滤器。

薄层的未嵌线巢础，将被用于切块的巢蜜

使用未嵌线巢础

　　如果你不期望多高的产量或者没有一个摇蜜机，一个解决方案就是在你的浅继箱里放置未嵌线的巢础框。所生成的蜜脾将被切成块，所有的都能够吃。你需要一个切板、一个用于放置切好的巢脾来沥干蜜滴的网格以及一把割蜜盖刀，或是专用的切巢脾的切刀。用后者裁出的方块巢蜜，可以被装进你事先买好的切脾盒子里。

　　一个可供选择的方法就是，从巢础框上切割巢脾，用一个平纹布或果冻袋包裹住，把包装袋弄破，让里面的蜜汁流出来。如果你仅有少量的要处理，那你就没有理由不这么做，但是要警告你，这会非常麻烦。

　　我的建议是，要将蜂蜜收集到大的食品级聚乙烯容器里，放上盖子，把容器放在暖和的地方，静置 24 小时。蜂蜡渣和气泡将上升到表面，你可以撇去它们。它们是完全可食用的，可被添加到越冬饲料里去。底下的蜂蜜是很清澈的了，但是如果你想要出售，你还需要进一步过滤它。

开盖

　　首先，你需要用一把锋利的或者锯齿状的刀来打开蜂蜜巢房。那种带有至少 200 毫米长的纤细刀片的刀使用起来最好。一个长度大于巢框宽度的刀片可以使开盖更容易。还需要一个干净的塑料洗涤盆和一段能够架在其上的宽度为 40~50 毫米、长度足以跨越塑料盆的长木板。在板的两个末端要切刻出凹槽，大到足以安放在盆的边

一个蜜盖叉

缘以使它稳固。在相反的一面还要切刻出一个凹槽，宽度足以安置巢框的框耳。

　　把你的盆放在一个稳固的桌子上，桌子上要覆盖有塑料布或者报纸，以接住蜜滴和蜡碎。把木板横在盆上，将框耳嵌进凹槽。然后，向下或者向上移动刀刃，用最适合你自己的工作方式切下蜜盖。可是，如果你向上切，一定要注意刀不能划到手。在封盖下切片就行，与框面呈一定角度，以便刀向前移动时封盖掉进盆里，而不是粘到巢脾表面。在这一阶段，甚至可以削平任何不规整的巢脾表面。不要担心是否会切下相当多的巢房或者损坏了巢脾。有时，赘脾是要被拉拔下来的，甚至是要被拉拔到露出巢础主脉——蜜蜂在下一年将会修复巢脾，你也可以从盆中物重新获得蜂蜡和蜂蜜。

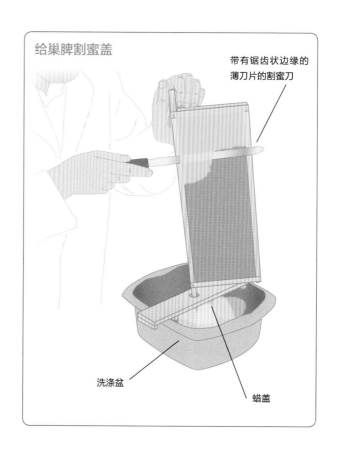

给巢脾割蜜盖

带有锯齿状边缘的
薄刀片的割蜜刀

洗涤盆

蜡盖

　　如果不愿意切下封盖，你可以用蜜盖叉的尖齿把它们挑起，或者你也可以用尖端划破它们。当你从一侧向另一侧轻轻滑动叉子的时候，就留下一串被捅破的封盖。蜂蜜将流出巢房，但会伴随有众多的小蜡碎，之后它们需要被过滤出去。

　　你也可以用一种热风脱漆机来移走封盖，尽管这不是它原来的用途。让热风快速地经过巢脾表面，然后封盖就被简单地熔化并消失了。蜂蜜不会变热，巢脾不会损伤，巢框可以被直接放进摇蜜机里。在下一年，将巢脾返还给蜜蜂之前，任何不平整的表面都可以用割蜜刀来弄平。

摇蜜机

摇蜜机有两种类型：切线型和放射型。要确保你所选的摇蜜机类型与你正在使用的巢框相匹配。

切线型摇蜜机

它有一个装在桶里的长方形笼子，笼子在一个主轴上旋转。巢框被对称放在笼子里，巢脾靠外侧那面的液体蜂蜜就被往外甩出去。在巢脾内面的蜂蜜则留在原地不动，所以巢框随后就不得不被垂直地换一面，以便蜂蜜能够在第二阶段全被摇出来。要保证巢框是上框梁朝外地被放在笼子里，以便上框梁指引着旋转的方向。

不要在朝外那面的巢房完全为空的情况下开始，那样会留下仅有软的蜂蜡在支撑着内面巢脾里的蜂蜜。旋转笼子，直到外部巢房被部分地清空为止。将巢框翻过来，重新放入笼子，开始提取巢脾另一面的蜂蜜。尽可能地重复这个动作，直到你清空了两面的蜂蜜。

被甩出的蜂蜜击中笼子侧壁后就流下来，进入到底部的蜂蜜收集井里。蜂蜜可以通过一个水龙头或者"蜂蜜阀门"从这里流出，进入到罐子或小桶里。

切线型摇蜜机通常很小，可以容纳2~6个巢框，是手动的，你不需要很快地旋转。如果你旋转笼子过快，巢脾就可能断裂，这样，你不

切线型摇蜜机

切线型摇蜜机的笼子

仅需要把蜂蜜中的碎渣过滤掉，还会丢失有价值的造好的巢脾。

放射型摇蜜机

在放射型摇蜜机的圆形笼子里，沿着半径放置巢框，像一个车轮的辐条，上框梁朝外。当笼子旋转时，上框梁比下框梁移动得快，吸力就把蜂蜜从巢房里面给提升出来，并通过离心力快速移出，沿着侧壁流下来，进入到蜂蜜收集井里。

 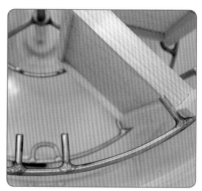

放射型摇蜜机   在放射型摇蜜机笼子里的巢框

放射型摇蜜机有许多尺寸，但多数小规模的养蜂人都用那种可以容纳 9 个、15 个或 20 个巢框的。它们可以是手摇的，也可以是电动的。如果你的是电动的，要渐渐提速，让摇蜜机慢慢获得"平衡"。

给摇蜜机装上轮子

一定要平衡在摇蜜机里的那些巢框，也就是说，在一个批次里加载相近重量的巢框或者在放射型摇蜜机里是彼此对立放置的。当你开始旋转笼子的时候，摇蜜机将在它的支柱上开始摇晃着转，直到一些蜂蜜被摇出来，里面的重量近乎平衡了，它才安定下来。

许多年以前，我获得一个我当时认为是不会见效的小窍门，直到我试过它。那时，当摇蜜机开始晃动，我的第一反应就是按住它并试图把它控制到安静下来。实际上，我知道养蜂人把支柱脚拧紧到地板上了，但这却给桶施加了一个大大的张力，它试图要往笼子相反的方向动。我得到的建议是去掉这个张力。

　　拿一些相当结实的木料并把它固定成"T"形。当摇蜜机放在它上面的时候，这个"T"形的辐条需要伸出到支柱脚末端更外一点。找一些牢固的脚轮安在"T"形的每个辐条末端。把"T"形板翻过来，将摇蜜机的3个支柱底部一一旋紧在3个辐条上。然后，当你开始旋转笼子的时候，请允许这个摇蜜机"跳舞"。在适当的时候，力平衡了，它也就安定下来了，变为轻柔的摆动。起初，你可能不得不控制这个摇蜜机，我曾经不得不立刻把它系在一个桌子腿上，以阻止它边跳华尔兹边跳出房间。

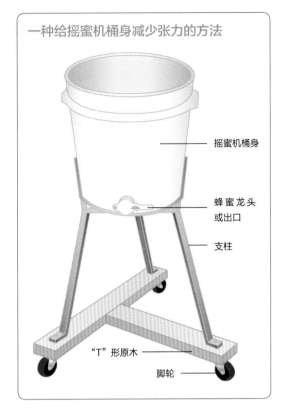

一种给摇蜜机桶身减少张力的方法

摇蜜机桶身

蜂蜜龙头或出口

支柱

"T"形原木

脚轮

将摇蜜机倒空

　　不要试图让摇蜜机转动太快或者太久。如果把最后一滴蜂蜜都给倒出来，你的代价就是会把细小的气泡添加到蜂蜜里去。

　　从摇蜜机里拿出巢框并把它们装回到浅继箱，当你都做完的时候，你就可以在傍晚带着这些"湿的"浅继箱回到蜂场，并把它们放在各个蜂箱的上面，再用带有饲喂孔的内盖和大盖把浅继箱盖好。在这个突然到来的奖赏面前，蜜蜂们会变得非常兴奋，直到夜间来临才会有所减弱。在早晨到来之前，蜂群会安静下来，作盗的风险将极大地降低。在一周之内，所有的剩余蜜滴都会被蜜蜂移走。如果在浅继箱里还有蜜蜂，可以用一个放在饲喂孔上的 Porter 脱蜂器来移走它们。当浅继箱里的蜜蜂被清理完的时候，你可以将巢脾移出并进行冬季储存。

摇蜜机底部蜂蜜收集井里的残余蜂蜜，在它尚未使笼子底部腐臭之前，要通过蜂蜜龙头被放掉。你可以把它过滤并装瓶，也可以让它先流进小桶里随后再处置它。但是一定要注意：不要让蜂蜜流出无人值守的蜂蜜龙头。否则，它会无声地流着，大部分养蜂人都会讲述一个关于蜂蜜是如何流淌到整个地板上的故事。我知道有一个遇到这种情形的养蜂人，是他的两只爱犬帮忙把地面舔舐干净的。

取蜜房间

蜂蜜是一种食品，正因为如此，如果你想要出售它，它就必须受制于立法。这个立法是可以被时时修订的，所以最好是在因特网上核对最新的版本。最新的细节可在食品标准局网站（www.food.gov.uk）获得。

你要在清洁卫生的条件下摇取蜂蜜。对于一个小规模的经营者来说，一个家用的厨房就很合适。你必须有两个可用水源，一个用于洗手和洗设备，另一个用于洗地板。我发现盆里有水的话，洗地板和洗水槽里的其他东西就很容易。

为了使得取蜜更容易，请把设备排列妥当，以便你能够从一项任务轻易地转向另一项任务。尝试一下在两个任务之间经过设备上方移动"垂涎"欲滴的蜜脾。当你的手和设备变得黏糊糊的时候，要先清洗一下，然后才可以在要碰到的任何东西上方来传递蜂蜜。用一个半湿的而不是非常湿的布擦去地板上的蜂蜜（湿的布实际上会使得黏糊糊的蜂蜜传播到更大的区域）。

试着将各阶段的设备围绕着你站立的地方排列成一个圆形。从水

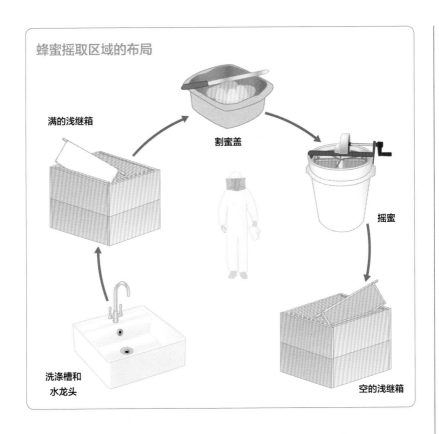

蜂蜜摇取区域的布局

满的浅继箱

割蜜盖

摇蜜

空的浅继箱

洗涤槽和
水龙头

槽开始，然后有大量的满框的浅继箱，接下来是割蜜盖工作站，它紧挨着摇蜜机，摇蜜机之后就是放置空巢框的空浅继箱。

过滤蜂蜜

如果打算直接用瓶装你收获的蜂蜜，随着它从摇蜜机流下来，你就可以用一个圆锥形的过滤器来过滤它。这个过滤器挂在龙头处，允许蜂蜜流过并进入罐子。一定要注意的是，你要在装满罐子之前关闭龙头，以便蜂蜜不会溢出来。

过滤器会被蜡渣堵住，这时需要停下来，并定期清洁它。这个要在过滤过程变得很缓慢之前来做，否则你将等待好长时间才能将蜂蜜过

EH Thorne (Beehives) Ltd

一个双层的蜂蜜过滤器

一个圆锥形的过滤器

滤完，才能移走并清理过滤器。

或者，你可以用一个粗滤器让蜂蜜流进一个 13.5 千克的食品级小桶里。将这个粗滤器放在一个更精细的过滤器之上组成双层蜂蜜过滤器会比较好用。上面的过滤器过滤较大的蜡片，而下面的过滤器过滤更小的蜡渣。这样的蜂蜜很清澈了，可作为家庭消费，但是如果你想要出售它，恐怕还需要进一步过滤。

沉降槽

首先将你的蜂蜜转移到一个沉降槽或是灌装槽，它是一个相当大的食品级容器，可以容纳大量的蜂蜜。那些在市场上可以买到的为塑料或不锈钢质地的，设计容量为 35~100 千克。

把沉降槽放在桌子上，这样当你坐着取放空的和满的罐子时，就可以舒适地操作龙头了。在沉降槽上面系上一块精细的过滤布。我建议你，让这块布悬挂在里面，甚至悬垂到底部，而不是让它绷紧。你要以一种尽可能少地诱发气泡的方式把蜂蜜缓慢地倒入到沉降槽。一种方式

是让它沿内表面向下流，一块松弛的布能让你做这些。如果蜂蜜水平面高于布的底面，只要简单地把布抬起允许蜂蜜通过即可。你可能不得不站在椅子上来倾倒蜂蜜，或者先把蜂蜜倒进放在地上的沉降槽里，然后再把沉降槽搬到桌子上，它将是比较重的。

一旦蜂蜜在沉降槽里了，让它静置 24 小时，允许气泡升至表面。然后你就可以把蜂蜜从龙头里放出来装瓶了。最先装到一两个罐子里的蜂蜜可能含有少量的蜡渣或尘埃，

一个沉降槽

所以要把它们放在一边用于家庭食用。当空气泡沫开始流出龙头时要停止灌装，你可以把这些剩余蜂蜜倒进一个小桶里留作自己食用。

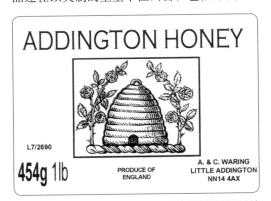

蜂蜜标签必须遵循立法

蜜罐

尽管英国在 1995 年就实行了以公制为度量标准，但是仍有几个物品还在以英制的重量单位出售，包括蜂蜜、草莓和圣诞布丁。然而，包装上必须标明对等的公制重量。标准的蜂蜜罐子应该容纳 1 磅的蜂蜜，但它必须贴标签说含有 454 克。英制的重量可以写在标签上。

你可能更愿意从供货商那里购买罐子，

因为对于在运输中出现的破损不需要承担责任。核实一下当地的协会是否有团购蜂蜜罐子，团购通常是会有优惠价格的。带有金属的或是塑料盖子的罐子通常很合适，它们很干净并随时可以使用。如果盖子是单独卖的，那么在使用前你还得清洗罐子。我最初购买洗碗机用于这个目的，因为它可以灭菌并烘干。然后，我们加上盖子储存起来直到需要使用的时候。同样地，这也可以从感到满意的消费者那里回收。回收后，塑料盖子可以加以清洗并重新利用，但是金属的盖子很容易有划痕，并且蜂蜜中的酸也会腐蚀它们，所以我们总是丢弃旧的金属盖子而用新的。

给橱柜加温

你可以花钱购买或者动手制作一个暖柜，用来给蜂蜜保温，比如到35℃，在这个温度下，蜂蜜很容易过滤。这是子脾温度，所以是相当安全的，不会毁坏蜂蜜。你甚至可以用这个橱柜来液化结晶的蜂蜜，但是你得把温度设定到42℃左右。这个过程可能要花上24~48小时，必须是恒温控制的。不要将蜂蜜加热到一个比它需要液化还要更高的温度或更长的时间。蜂蜡要保证仍是完整的，因为它的熔点为63℃左右。

羟甲基糠醛和淀粉酶

在蜂蜜立法里面，两种物质被选为是否被加热的指示剂。一种是羟甲基糠醛，也即 HMF，另一种是淀粉酶。

当被加热或被保存较长一段时间后，蜂蜜中 HMF 的含量会上升。食品法典国际标准要求，蜂蜜中 HMF 含量要低于 40 毫克 / 千克，以保证蜂蜜在加工过程中没有经历加热。新鲜的蜂蜜中 HMF 含量应低于 15 毫克 / 千克，它依赖于 pH、温度和年限。如果你要售卖蜂蜜，你就要声明它是符合这些规定的。

淀粉酶是一种被蜜蜂加进到蜂蜜里去的酶。它可以将淀粉转化为麦芽糖，它的含量随着温度升高而下降，所以它是过分加热的另一个指示剂。当前英国的产品说明书是：在沙德（Schade）测定中不低于8。

如果你没有过分加热蜂蜜，或者没有将它保存很长的时间或是存放在一个非常热的条件下，就不需要担心羟甲基糠醛和淀粉酶。

结晶作用

蜂蜜是一种带有其他痕量物质的糖的复杂混合物。主要的糖是果糖和葡萄糖，果糖比例更高。可是，当葡萄糖含量高时，它就会从溶液中析出结晶来，引发了结晶作用。结晶的比率取决于葡萄糖含量并依照花蜜的来源而变化。从油菜花蜜提取的蜂蜜有较高的葡萄糖含量，能够在巢

结晶的蜂蜜显示有点像"下霜"，由捕获的空气所引起的

脾里结晶，所以你需要提出蜜脾，并在蜂蜜还是液体的时候就摇出它。在5月中旬和6月底之间，必须把它摇出。

发酵作用

当蜂蜜已经结晶时是最可能发酵的。结晶的蜂蜜是由被液体蜂蜜围绕着的结晶体所组成。如果暴露在空气中，蜂蜜就吸收水分，然后液体蜂蜜就变得更稀，于是耐糖酵母菌就变得活跃起来。这就导致了发酵，你的蜂蜜闻起来就像是成熟的苹果，而尝起来就隐约地有点酒味。你完全可以确保不发生这种情况，只要你摇取成熟蜂蜜，换句话说，保证蜂蜜含水量少于18%，并把它储存在密闭的容器里。我有一些存了27年之久的蜂蜜，根本就显示不出发酵的征兆。它现在或许HMF含量很高但仍然口感很好。

贴标签

假如你要把你的蜂蜜卖出，你就必须遵循英格兰 2015 年的蜂蜜法规以及专为苏格兰、威尔士和北爱尔兰引用的相似的法规。这些法规在 2015 年 6 月 24 日生效，并强化了先前的立法。它们规定了你的蜂蜜必须有的类型和组成以及罐子如何加贴标签等细节。与其在这里讨论那些细节，我建议你还不如马上从设备供应商那里购买符合这些法规的标签。

用于出售的蜂蜜必须携带有一个失效期，多数养蜂人使用 1 年或 2 年中的一个。在你的罐子上，必须包括以 "L" 开头的批号，还要保存好你的批次记录和在哪里售出的记录。你可以从英国的食品标准局网站（www.food.gov.uk）下载指南，从英国养蜂学会网站（http://www.bbka.org.uk/files/library/selling_honey-l010_1342859898.pdf）下载说明书。

在展览台上贴了标签的、准备出售的蜂蜜罐子，显示出标签的多样性

蜂蜜、蜂蜡和蜂胶的利用

多数人开始饲养蜜蜂来生产他们自己的蜂蜜，这无疑是非常令人兴奋的经历。至今我还记得当时带着我的第一个储蜜浅继箱，大老远地跑到一个养蜂朋友那里去借用他的摇蜜机，并激动地带着我第一次收获的蜂蜜回家的情景。其实，假如有一个正确的含水量、储存在一个密闭的容器里和凉爽的条件下，蜂蜜能持续很长的时间而不发酵，我就依然有一些在橱柜里了。

蜂蜜蛋糕

蜂蜜

蜂蜜是甜的，但是不像糖，它带有香味和口感，某些甚至是非常独特的，譬如孤独石楠蜜。它最终可以归结为个人的偏好。

来自不同蜜源的不同颜色的蜂蜜

蜂蜜是糖的混合物再加上精油、痕量的矿物质和水。通常蜂蜜含有 17%~18% 的水、39%~42% 的果糖、34%~35% 的葡萄糖和 1%~2% 的蔗糖。剩余的由复杂的糖、蛋白质、蜡、盐、酸、挥发性油、花粉粒和色素所组成。

除了直接消费外，蜂蜜可被用作食谱中糖的替代品，前提是你要将它的含水量考虑进去并相应地调整食谱。

出于计算的目的，它几乎含有 20% 的水。蜂蜜也可以被当作酵母用的糖来制作面包，或被当作釉料涂抹在烤肉上。但是不要往上刷得或倒得太快，不然它就会烤焦了。

蜂蜜酒和其他蜂蜜饮料

蜂蜜酒是一种古老的根据发酵蜂蜜而来的酒精饮料。为了制作一种好的蜂蜜酒，你需要更多的蜂蜜和水，尽管这种混合物将会发酵。把酵母和一种酵母营养与一种酸（如柠檬酸）一起添加进去。把这种混合物放置在一个温暖的地方，当发酵完成的时候，榨取并把它装入瓶中。有几本不错的书会给你一些关于制作蜂蜜酒的建议。多数市场上可以买到的蜂蜜酒是非常甜的，但你可以把它制成苦涩的或是无甜味的。一个几乎无甜味的蜂蜜酒是极好的，特别是如果在饮用之前冷藏一下。

蜂蜜酒制作者也制作其他的酒类变种，如瓜酒（用果汁制作）、果酒（用苹果

用不同蜂蜜制作的蜂蜜酒

制作）和葡萄酒（用红葡萄或白葡萄制作）。如果你不是一个酿酒者，或许你会发现从这些中选其中一种开始要更容易一些。

尝试一下蜂蜜酒吧，如果你喜欢它，你就可以仅用少量的蜂蜜去制作出各种变种酒。

蜂蜡

作为一个养蜂人，你可以从两个来源获得蜂蜡：取蜜留下的割蜜盖和蜂箱里淘汰的旧巢脾。开始的时候你不可能有大量的蜂蜡，但是你可以清洗它并把它放在一个扎紧口的塑料袋里保存，直到你攒够了再拿出来做你想做的事情。当你给巢脾割取封盖的时候，要确保保存蜂蜡。封盖蜡或许是你能够得到的最干净的和最纯净的蜂蜡。

在软水上的正在熔化着的蜂蜡

清洁蜂蜡

在使用蜂蜡之前，你必须去除蜂蜜和少量的污物。为了从封盖中沥出蜂蜡，你要把它们放在一个架在食品级容器上的格子上。蜂蜜是食品，正因为如此，受到食品处理规定的约束。你可以把沥出的蜂蜜添加到由摇蜜机摇出的蜂蜜里。

用干净的软水清洗蜂蜡。你可以用过滤的雨水，你也可以用蒸馏水——蜂蜡会与自来水里的化学物质起反应，将会在浮渣中失去部分蜂蜡。不要在铝锅里熔化蜂蜡，因为也会有一个相似的化学反应发生。

如果你仅有少量的封盖，你可以把它们直接放进微波炉里熔化，在一个玻璃碗里放一些干净的软水，加入一些漂洗过的蜂蜡，把微波炉调到高档，短时间进行加热。你不必等水沸腾，因为蜂蜡的熔点是63℃。沸腾会产生泡沫，如果它泼溅或溢出了碗边，就会制造一个真正的麻烦。你也可以在一个不锈钢平底锅里熔化蜂蜡，同样要在锅底加一些干净的软水，同样不要煮沸。

从炉子上拿下碗，用一个绝缘的材料盖住，让它缓慢冷却。蜂蜡将在水的上部凝固成一个圆盘状，可以整个地取出来。在蜂蜡里有两种类型的污物：下沉的污物和漂浮的污物，这两者都可以从蜂蜡表面被刮掉。

过滤蜂蜡

为了清洁蜂蜡，你需要在它还是液体的时候去过滤它。几轮下来，你的过滤材料或许粘了一些不能去掉的蜂蜡，但是你可以不止一次地使用它，因为在下一次过滤时它将变热并重新熔化。直到你的过滤材料变得实在是太黏了而真的不能再用了，你就可以把它整个地卷起来，日后用作引火物。

一种"带着毛边的旧材料"可以做成一个很好的蜂蜡过滤器。许多养蜂人带着这样得来的蜂蜡——绝对是无瑕疵一样洁净的，进入展销会。该材料可以是外科纱布，用时毛面向上，可是很昂贵。其他用得较好的材料还包括旧床单。

在把熔化的蜂蜡倾倒

一个蜂蜡过滤罐

进过滤材料之前，首先要把这个过滤材料给牢牢地支撑住。一种方法就是在一个旧的滤网上划线，裁出一个过滤器。你也可以将一个干净的马口铁罐子的两端掏空，在一端铺上过滤材料，用一根橡皮筋或类似物紧紧地束缚住它，把罐子连同底部的过滤器一起翻过来，把它架在采集碗的上方，其表面覆一层脱模剂如洗涤液薄膜。把液体蜂蜡小心地倾倒进罐子里，确保它不会溢出来。当水平面下降的时候，再添加更多的蜂蜡进去。

如果你已经事先计划好了，就可以直接使用你的液体蜂蜡做你想做的事情。可是如果你还没计划好，就要先将它进行保存，只需倒入模型中并让它凝结。盛装软黄油或人造奶油的塑料容器是理想的容器。当蜂蜡凝固时就从表面沉降下来，于是便于使用的蜡块就可以取出来了。用一个结实的塑料袋包住它们，直到你需要时。

蜂蜡块

蜂蜡的利用

蜂蜡可以用在很多地方，包括蜡烛、家具亮光剂、肥皂和化妆品。其他应用包括在花边制作方面用的打蜡针、脱蜡铸造、打蜡弓线、蜡画艺术和制作迪吉里杜管（澳大利亚土著使用的一种乐器）的吹嘴。

所有关于蜂蜡的使用方法的细节在此不一一阐述了。如

蜂蜡蜡烛

果你想要从事其中之一，我推荐你去找一本详细的手工制作书，或去听一门专业课程。我确定你会发现它很有吸引力，也很有收获。比较独特的就是，用从你自己的蜜蜂那里收获而来的蜂蜡，你可以制作出一根可以燃烧的蜡烛。

如果你有足够多的蜂蜡，你可以用它制作巢础。巢础轧花机是可以买到的，它会在蜂蜡片的两面上压出巢房型的凹凸模式。蜜蜂很喜欢自家制造的巢础，但是由于你的巢础片比商家制作的那些更厚，所以每千克你将得不到那么多的巢础片。

不要用取自患有美洲或欧洲幼虫腐臭病蜂群的蜂蜡来制作巢础，否则你简直就是在全蜂场传播这种疾病，因为美洲幼虫腐臭病的孢子可

用蜂蜡制作的非常逼真的康乃馨花

以在化蜡的温度下存活。但凡有这样的巢脾都要毁坏。

如果你不想要制作自己的巢础，你可以到几个较大的养蜂设备供应商那里，用你的过滤蜂蜡去交换新的巢础片。我知道有一个养蜂学会就从它的会员那里收集蜂蜡，再与某个供应商做一笔生意，会员们由此接收到等量的新巢础片。

蜂胶

蜂胶具有抗菌特性，这些特性被几个保健品公司利用来制作喉头锭剂和蜂胶片剂或糖浆。塑料的蜂胶收集板是可以买到的，将它放在蜂箱的上部，然后蜜蜂就用蜂胶填满这些缝隙。将这个收集板放进冰箱里，当蜂胶冷却时，就能通过弯曲收集板将蜂胶从缝隙中挤压出来。你可以把这样的蜂胶卖给保健品制造商，但要事先与他们协商。

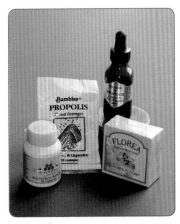

一系列蜂胶产品

一个蜂胶收集板

第五章

蜂群越冬管理

饲 喂

一个蜂群要想维持下去，其最重要的储备就是食物。在养蜂年历里，有一些时候这种储备自然就是低的，如在春天；而有些时候是相当高的，如在秋天，都在采蜜季节之后。如果你拿出其中的一部分储备，你就有责任去补给它们。蜜蜂采集它们，因为蜜蜂需要它们。

对蜜蜂来说，最好的食物无疑是蜂蜜，但是它们也会欣然接受并以各种糖溶液为食。在英国，主要的饲料是蔗糖或甜菜糖，一年中的任何时候，说不出来有多少蜂群已经、正在或将要继续以它为食。

据说，当蜂群中的储备处于一个最低水平之下时，大约在4.5千克，大致相当于两个密集填满的蜜脾，你就只能选择饲喂蜜蜂了。可是，你还要综合来考虑。当你检查蜂群时，看见在巢箱里有很少的蜂蜜而在浅继箱里有几百磅的蜂蜜，那是相当正常的。如果你移走浅继箱进行取蜜，假如在6月，然后天气变坏了，你的蜂群就要挨饿而死去。当蜜蜂需要或者假设需要的时候，饲喂就可以或将要开展。极有可能你有足够多的蜜蜂及其正确的管理，但却根本没有进行饲喂，这些需要你从经验教训中学习。

据说，蜜蜂越冬食用储存的糖比食用储存的蜂蜜存活得更好。蜜蜂会酌饮蔗糖，可能通过一个被称作转化的过程，部分地改变了它的组成。蜂蜜含有含氮的物质如蛋白质，这种废弃物会堆积在蜜蜂的大肠，在蜂箱里较长的囚禁期内，在那些不能适应如此条件的蜂种中，会使它们有下痢的可能。给蜜蜂喂适当的活性转化糖浆是可行的，你可能考虑使用它了。但使用之前权衡一下获得转化糖浆的费用和饲料糖的费用，及其所包含的生产糖浆的工作和造成脏乱状态。

制造糖浆

关于如何去获得正确浓度的糖浆，有大量的困惑。在冬季饲喂用的糖浆要比在春季和夏季用的更浓稠，因为蜜蜂不得不努力工作以蒸发水分来保证糖浆适于储存。

传统的冬季饲喂是在 1 品脱（568 毫升）水里含有 2 磅（0.9 千克）的糖。当公制度量衡到来的时候，混淆盛行了。然而，有一个简单的制作冬季浓糖浆的方法：

1）把你的一定重量的干燥的糖（1 千克或者多少）放进一个能很轻易拿取的容器里。

2）粗略地抹平糖的表面并标记该水平面。

3）倾倒热水，并边倒边搅和。

4）把这个水平面提高，让其高出干糖 12~25 毫米。

5）搅拌直到糖溶解（有少量的晶体留在底部不要紧）。

6）如果你正在使用一个长柄有盖的深平底锅，温火加热该溶液有助于糖溶解。

偶尔地，你会需要饲喂更稀的糖浆，如你的蜜蜂赶上了短的春季 / 夏季或者你正在饲喂一个小核群。如果是那样：

1）把你的干燥的糖放进容器里，糖的平面不能高出瓶身中部。

2）标记这个水平面。

3）添加热水进去，使体积翻倍。

4）搅拌直至糖溶解。

某些养蜂人使用非常精确的糖浆浓度，个人认为没必要那么精准，因为它本身就不是那么精确的一门科学。主要目的是生产一种浓糖浆，足以让蜜蜂在安全储存它之前从事最少的工作。蜜蜂采集各种糖浓度的花蜜，并把它们统统制成蜂蜜。你只要把糖溶液投喂给蜜蜂，蜜蜂会把它们分门别类的。

饲喂器

糖浆是通过放在蜂箱里的饲喂器喂给蜜蜂的。饲喂器可以有不同的形状和大小，但是基本上都是由一个装糖浆的货井和一种便于蜜蜂接近的通道所组成。

"接触式"饲喂器

"接触式"饲喂器正如名字所说的，是带着糖浆直接接触蜜蜂，但却以一种可控制的方式将糖浆投递给蜜蜂。

它们可以小到如蜂蜜罐子一样小，也可以大到与一个 13.5 千克的蜜桶一样大。它们是在任何条件下可用于给蜜蜂喂食的唯一形式。在冬季，它们可直接放在越冬蜂团之上的上框梁上，并"接触"蜜蜂。越冬蜂团不能散开去使用更大的"快速"饲喂器。

"接触式"饲喂器借由气压引起部分真空的原理而工作。为了理解它们是如何运作的，请拿出一个用过的果酱瓶，用水填满它。用一个 25 毫米长的圆铁钉或竹签在盖子上扎 3~4 个洞，把盖子拧紧到瓶子上，翻过来放在水槽里。少量的水往外流出来，不一会儿水就停止流了。因为这时瓶子里形成了部分的真空，气压会把液体向里吸住。

在冬季出于某些应急操作，你可能要饲喂蜜蜂，可用"浓的"糖浆（糖和水的比为 1:1）灌满饲喂器，倒扣在小桶里，截留水滴后，直接放在蜜蜂上方的上框梁上。你可以用 2~3 个小

瓶盖上扎的洞

倒转瓶子并截留糖浆蜜滴

部分的真空吸住了瓶子里的糖浆

木片来支撑它，以给予蜜蜂在盖子下移动的空间。要在饲喂器四周放一个空的浅继箱，确保一切都是防蜂的，以防止作盗蜜蜂获得进到饲喂器的入口。用一块塑料布盖住饲喂器和巢框，然后还要用一些保温物（报纸最好）来尽可能长时间地帮助保持糖浆温热。最后盖好内盖和大盖。

把饲喂器放在蜂团之上。然后就要用一个浅继箱或者浅继箱类似物给围住，盖上内盖和大盖

你可以用一个更大的"接触式"饲喂器，如一个蜜桶，给你的蜜蜂喂越冬饲料，但是这将需要一些类似于巢箱那样的东西给围住，以预防蜜蜂作盗。

一个专门制作的"接触式"饲喂器，带有一个纱网区域，从这里蜜蜂可以喝饮到糖浆

"快速"饲喂器

最普通的"快速"饲喂器是圆形的，并且这种类型的饲喂器盖住了巢箱上部的全部。它们以相同的原理工作：有一个装糖浆的货井，还有一个在中间或在侧边的缝隙，允许蜜蜂从蜂箱里爬上来。一个障碍物阻止蜜蜂到达糖浆，该糖浆是从货井里通过底部一个狭窄的缝隙渗透而来的。

圆形饲喂器

圆形饲喂器被扣在饲喂孔之上。蜜蜂爬上来，要经过中间的柱子才得以接近糖浆。这个柱子被一个更大的圆柱体所覆盖，以限制蜜蜂进入到两个柱子之间的狭窄空隙。外层的圆柱体经常有一个清晰的顶部以便你能看见蜜

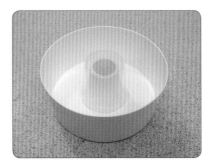

一个"快速"饲喂器

蜂是否在那里。外层圆柱体的底部边沿不能齐平地安装，而是要留有一个缝隙允许糖浆进入。

我建议你先在家用水填满这个饲喂器来确定和标记出"安全的"水平。之后再把这个饲喂器拿到空的蜂箱那里，用运载罐里的糖浆填满它。过后，随着需要还可以将它反复重新装满，只需拿下盖子即可。

圆形饲喂器需要一个适当的外围物，如一个带大盖的浅继箱，以阻止作盗蜜蜂进入。

"阿什福斯"或"米勒"饲喂器

这些饲喂器遵循相同的基本原理，但是它们装在蜂箱的横截面上，是根据每种蜂箱的大小而设计的。它们盖住蜂箱的整个横截面，与巢箱的外围相齐平。它们通常是由木头制作的，尽管也有针对某些蜂箱类型

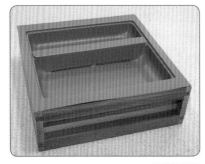

米勒饲喂器

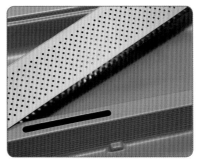

进入的通道——狭缝及其金属盖板

的塑料类型。不过，木质的饲喂器易于侧漏，每年都要进行填补修复，以及在内部涂漆以测试它们是否还会泄漏。把一个会泄漏的饲喂器放在蜂箱上肯定会吸引盗蜂。

"米勒"饲喂器或许是第一个被设计发明的。在巢箱每一侧的分隔室，有一个可以让糖浆通过的中央狭缝。这个狭缝被一个安装在糖浆货井的凸壁上的一个可反转的、方角的、U形的金属片或塑料盖住，以阻止蜜蜂爬过糖浆货井并因此而溺死在糖浆里。

由于蜂箱不总是完全的水平的，所以可把这个饲喂器放在蜂箱上，让这个狭缝从最高侧往最低侧流动。货井里最后的糖浆将流到紧挨着狭缝的底部角落里，蜜蜂就能把它们采集光。把饲喂器这样放，也即有一个货井在蜂箱的最低侧，意味着最后的糖浆将会从这个狭缝被彻底流淌干净。每一个货井一般至少可以容纳4.5升的糖浆。货井内的凸壁平面要低于饲喂器的深度，这样糖浆不会溢出来，否则糖浆会漫过饲喂器上部，涌进蜂箱把那里的蜜蜂给淹死。

"阿什福斯"饲喂器最初是由镀锡铁皮制作的，安装在浅继箱里面。随后被很快地改进为像"米勒"饲喂器一样可以安装在蜂箱里，但是带盖的狭缝是在侧面而不是在中间。这就意味着，且不说那个狭缝，现在饲喂器可全方位接触到糖浆。安置一个"阿什福斯"饲喂器，让带有狭缝那端正好处在蜂箱的最低点，于是蜜蜂可以完全搬空它。在使用方面，它或许成为比"米勒"饲喂器还好的一个选择。

众所周知，蜜蜂并不理睬"快速"饲喂器，甚至在它们被装满的时候，仅仅是因为它们没有碰巧发现到糖浆。所以，为了使蜜蜂意识到有饲料糖浆的存在，你需要引导一下蜂群。当你填满饲喂器的时候，要从入口处（圆柱体或狭缝）往下倾倒一点糖浆到上框梁上，以确保蜜蜂领会到你给它们提供了什么。我想要说的是，一大汤匙的量足够了，除非你想让它们溺亡。

框式饲喂器

这些框式饲喂器都有跟育子巢框相同的外部尺寸，通常投放一个来使用。蜜蜂通过上框梁里的一个凹槽获取糖浆，在其内的浮标确保它们不会沉溺。框式饲喂器可以紧靠蜂团摆放，但是存在着缺点，就是你不得不拆开蜂箱包装才能再填满它。木质的框式饲喂器也很容易发生泄漏。它们不

在巢箱内的一个框式饲喂器

能用于应急越冬饲喂，因为蜜蜂不能从冬团中散开去获取糖浆。

应急饲喂

冬季

如果你已经在秋季适当地饲喂过你的蜜蜂，就不需要在冬季再饲喂它们了，但是出于某种原因，有时你还得喂。按照惯例，炼糖可以拿来饲喂。它是由煮沸的糖溶液变到足够浓稠，倒进模具并成型。一个更为简便的可选方法就是去找烘焙师，他会售卖看似硬冰块的翻糖。你还可从蜂机具供应商那里购买炼糖。

把炼糖直接放在正对着蜂团上方的上框梁上，用塑料盖住以免失水。为了预防盗蜂，将一个带内盖和大盖的箱体或是浅继箱围挡在炼糖四周。

如果你的蜜蜂没有食物，而你刚好有一些自己的蜂蜜可用，只要你确保你的蜂群没有美洲幼虫腐臭病和欧洲幼虫腐臭病，那么就用这个。蜜蜂会更喜欢吃掉它们自己的液体蜂蜜，因为对它们来说，液体蜂蜜比炼糖更好消化。蜜蜂们不得不用唾液来湿润炼糖，并在可以喝饮之前，将它溶解成液体。

如果你已经用完了蜂蜜，不要从商店购买一瓶外来的蜂蜜。这样你会冒着将疾病引入你的蜂群的风险，这可绝对不是一个好主意。

蜜蜂对带有复合香味的糖溶液有着非常强烈的兴趣。如果你给蜜蜂饲喂未经稀释的液体蜂蜜，那么，这个高达82%的糖含量就意味着蜜蜂们会表现出一个稳定又可控的反应。可是，如果你在露天暴露了糖溶液或蜂蜜，蜜蜂将非常容易地做出反应。所以，操作标准就是确保当饲喂蜜蜂的时候，你不可以有任何的泼溅，包括溅落在箱内。

夏季

移走浅继箱会使蜂群没有食物储备，再加上夏天里一段时间的差天气，就会导致蜜蜂挨饿。如果你在蜂箱上面那个空的浅继箱里饲喂糖浆，它们可能就被储存在这些浅继箱里了。如果你随后摇出它们，你能说是待售蜂蜜吗？你应该制作炼糖并把它们饲喂给蜜蜂，但是更为简单的解决方案是给蜜蜂提供装在袋子里的结晶糖。

在糖袋子的侧面扎一个洞，给予蜜蜂一个入口。就这样放在那里，不一会儿，蜜蜂很可能就把许多的糖粒携带出蜂箱，并丢弃到草地上。它们这是要把糖粒弄湿。你希望这些结晶体粘在一起，以便蜜蜂能嘬饮到糖水而不是搬走糖粒。把糖袋子浸在一个有水的容器里，让糖粒变湿。你可以在蜂箱里做这些。把这个糖袋子放在内盖上，让那个洞靠近饲喂孔。放上普通的浅继箱，盖好大盖，预防盗蜂。

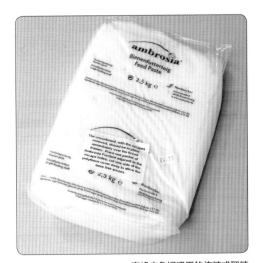

这就像我们以一种麦片粥饮食为生一样，你不会挨饿但你不会希望把它作为正餐。可是，蜂群能够一直慢吞吞地工作并且不会死于饥饿。

你需要辨识你的蜂群何时发生了食物短缺，并且懂得进行饲喂，即使在一个非常低的水平。

蜜蜂应急饲喂用的炼糖或翻糖

越冬准备

　　在温带的气候条件下，蜜蜂不得不度过一个寒冷的、缺少食物的时期——冬季。因为蜜蜂们宛如一个超级生物在运转，和许多个体昆虫一样，它们对付寒冷首先是通过用它们自己的身体产生温度，然后通过拥挤在一起形成蜂团来保持这个热度。在蜂巢内，当气温降到14℃的时候，这个蜂团形成。子区的面积已经被缩减了，所以子区很容易被盖住。蜜蜂们会把子区保持在一个相当恒定的温度35℃。在蜂团外围的任何蜜蜂，当温度变得比9℃更冷时，是不能移动的，将会死去。

越冬蜂团

　　越冬蜂团总是以子区为中心，或者就在子区所在的地方。无子的蜂团有一个较低的核心温度21℃。蜜蜂通过快速地收缩和放松它们的飞行肌来产生温度，用储存的食物作为燃料。蜂团紧靠着储存处形成，而后向上移动，保持与食物的接触。如果蜜蜂消耗完了位于它们上方的所有的蜂蜜，蜂团就将侧向移动到其他食物储存处。可

越冬蜂团上方必须要有食物

是，如果这些也消耗完了，这个蜂群将死于"隔离饥饿"。即使食物就在距离蜂团边沿20~30毫米远的地方，蜜蜂们也不能向那里移动了。

饲喂

要通过确保它们不会出现食物短缺来帮助你的蜜蜂们。黑色的蜜蜂用 20 千克的食物储备就可以被饲喂得很好了。其他蜜蜂可能需要更多。一个英国标准的充满了蜂蜜的子脾可以容纳大约 2.3 千克或每一面 1.15 千克。仔细检查这个

守卫蜂袭击一只来自另一蜂群的作盗蜂

子区，估计一下食物储存量。然后"抬起掂量一下"这个蜂箱：依次提起蜂箱的后面和侧面，在它和蜂箱基座之间足以塞入一个想象中的明信片。尝试着如何把这种感觉与你目前的储存量估计相关联。通过实践，你就能通过掂量一下蜂箱来估计食物储存量了。而后，用你所选择的饲喂器，饲喂适当量的浓稠糖浆。一个被喂饱的蜂群感觉就像被钉在原地一样。

不给作盗留有机会就是最好的防盗控制。不要溅出糖浆，不要用泄漏的饲喂器。确保进入蜂群的唯一方式是通过巢门。将巢门缩小到仅够守卫蜂防御的一个大小。如果蜜蜂们不得不排队进入蜂巢，将有更多的蜜蜂受到刺激而变成守卫蜂。

"越冬蜂"

秋季蜜源如常春藤、紫菀、喜马拉雅凤仙花等将给蜜蜂提供它们所需要的花粉。在城里的蜜蜂会做得很好，因为它们有一个接近各种各样花粉的机会。它们吃掉很多并把剩下的储存起来。这些统统帮助产生

常春藤提供末期的花粉和花蜜，但不要指望拿它作为冬季饲料

所谓的"越冬蜂"，关于越冬蜂我们在前面已经介绍过了。这些蜂有非常大的"脂肪体"和发育良好的幼虫食物腺，它们的寿命是以月份而不是以周数来计算的，在 10 月或 11 月出房的蜜蜂，在来年 3 月将仍是活着的并能够采集蜂蜜。

春季饲喂

在春天，如果有任何蜂群发生食物短缺，这时可以用上文介绍过的较为稀薄的糖浆（1:1）予以饲喂。之前已经解释过了，不要用这种稀糖浆喂准备越冬的蜂群，因为它含有很大比例的水分，越冬蜂浓缩这其中的水分后会变得筋疲力尽。当蜜蜂还能够平均至少一周一次飞出蜂箱的时候，可以仅仅饲喂冲淡的或稀薄的糖浆。

供水

当蜜蜂用唾液来湿润结晶的食物储备以便其可食用时也需要水。健康的蜜蜂没有问题，但是，在蜂场附近暖和的地方，必须要有水。

潮湿与通风

潮湿的条件对蜜蜂不好。蜂箱必须是防风雨的，并离地至少 30 厘米，以允许空气在箱底板下流通来保持蜂箱干燥。可是，放在完全暴露于东风下的蜂箱将比那些放在有遮蔽的场所生存更难。你需要确保你的蜂场在冬季可以让蜜蜂避免受到风害的同时，还要有所暴露，以便冬季的太

抬高内盖以提供通风

阻止老鼠进入

阳可以照到蜂箱上。这种特别的程度或两种附加的保温，是能让蜜蜂飞出去和排便所必需的条件。排掉由消化所产生的废物是非常重要的，放在背阴处的蜂箱必须要等到暖和的天气才行。

目前普遍认为，蜜蜂需要通过蜂箱来进行通风，尽管事实是它们已经用蜂胶封闭了所有的孔洞、缝隙和裂缝，让透过的气流越弱越好。为了阻止蜜蜂在10月下旬或11月上旬把所有东西都蜂胶化（在英格兰中部，要考虑到你自己的地理位置），你可以通过在每个边角下放置一根火柴棒或相似物，把内盖抬高2~3毫米。到2月底你需要把它们移走。如果你用纵深的巢门，你同时还需要安装一个防鼠夹，来保护你的蜂箱免受啄木鸟危害，如果它们在你的地区是令人讨厌的东西。

春季损失

多数很可能要死去的蜂群在冬季末开始死去。在春季，当蜜蜂被要求需加倍努力去养育蜂子的时候，这种强加给小蜂团的额外工作或者疾病的影响如孢子虫病，就给予蜂群一个非常不利的胁迫。差的春天气候和花粉的短缺

被携带回巢的花粉

对于蜂群而言是最坏的条件。蜂群死亡的常见原因包括饥饿、失去蜂王、疾病和被牲畜或疾风所撞翻。一般来讲，有大量食物储备的和有一个好蜂王的健康蜂群将会存活下来。当你看到越冬蜂团在扩大群势以及有大量的花粉团被携带回巢的时候，你要知道蜂群里所有的工作可能都进展良好。

第六章

蜜蜂病害与敌害防治技术

病害

提起蜜蜂疾病经常会把一个养蜂新手给吓到，但是，你要熟悉那些可能会发生的疾病，这点非常重要。从决定开始饲养蜜蜂的那一刻起，你就已经接受了要以可能的最好方式去照顾它们，并且作为一个养蜂人，你必须经常检查你的蜂群，尝试着尽可能早地认出任何的疾病征兆。

蜜蜂对很多的物种特异性疾病都较为敏感。这些疾病可以分为：影响蜂子的疾病和影响成年蜂的疾病。不过，成功控制疾病的第一步是能够识别健康的蜂子。

健康的蜂子

首先，你需要识别蜂王正在产一张很好的子脾，这意味着你要在一张子脾上以同心圆的形式找出不同日龄的蜂子。蜂王几乎会在每一个巢房里产卵，所以这些巢房里可能含有一粒卵、一个发育着的幼虫或者是一个已被封盖了的蛹。在封盖的子区，被漏掉产卵的巢房或许是最容易看见的。

健康的蜂子和一个带有好的蜂子模式的巢框

你可能看到了直排的空巢房并且还纳闷发生了什么。仔细审视这些巢房，你会看到它们是建在巢框铁丝上的那些。某些蜂王干脆就不喜

在嵌线巢础上埋有铁丝处的空巢房

欢在这样的巢房里产卵，但这不能表明是一个差的蜂子模式。

卵

一粒卵应该立在巢房基部的中心，呈略微弯曲状。从脾面上看，含有卵的巢房应该紧挨着含有小幼虫的巢房。

一粒卵直立在巢房底部

幼虫

这些幼虫从它们刚孵化出来只有卵那么大，长到能够填满整个巢房。它们的体色是珍珠白色，舒适地躺在巢房里。在正常子脾的曲面区，你可以粗略地找出相同日龄的幼虫。

一粒卵要花 3 天时间来孵化。一个发育着的工蜂幼虫要在 6 天后被封盖在巢房里。所以，如果蜂王正处在产卵高峰期而始终在产卵，你就能发现两倍于卵量的幼虫。

健康的幼虫蜷曲在巢房里

封盖子或蛹

一个已经建立起来的子区最明显的特征就是被封盖的蜂子。因为一只工蜂幼虫需要花 12 天来化蛹并羽化为成虫，于是将有两倍于封盖子巢房之多的幼虫。

如果这个巢脾已被用于养育了几代蜂子，封盖将呈现深棕色。在较新的巢脾上封盖颜色浅一些，在崭新的巢脾上就是黄白色的。健康的工蜂封盖子将有一致的、略微拱起的封盖，而健康的雄蜂封盖子将有一个更加凸出的拱起，以容纳更大的虫体。

National Bee Unit, Fera (crown copyright)

封盖子占据了子脾　　平坦的工蜂房封盖和拱起的雄蜂房封盖

当一只成虫羽化后，它的茧衣、内衬就被留在巢房里了，盖住幼虫的粪便。在蜂王往里面重新产卵之前，工蜂会清理并"抛光"这些巢房。如果你的蜂群是没病的，那么这些发亮的巢房就被称为是"干净的巢脾"。

蜂子病

蜜蜂蜂子病分成两组。美洲幼虫腐臭病（AFB）（简称美幼病）和欧洲幼虫腐臭病（EFB）（简称欧幼病）都是须申报的传染病。假如你怀疑你的蜜蜂被感染了，那么根据法律规定，你必须通知官方。其他常见的"次要"幼虫病有白垩病、囊状幼虫病和白头蛹。蜜蜂也容易受很多病毒病感染。产卵工蜂和专产雄蜂的蜂王不算严格意义上的疾病，因为它们不会感染蜂子和蜂群。

美洲幼虫腐臭病

这个病不是一个地理标志，但是正如欧洲幼虫腐臭病一样，表明了该种疾病是从哪里被首次发现的。

AFB 是由芽孢杆菌的亚种——幼虫芽孢杆菌引发的。这种病发生在蜜蜂的肠道内，当巢房被封盖后杀死蜜蜂。它可产生成千上万的孢子，当内勤工蜂清理幼虫巢房的时候将其摄入，然后通过幼虫食物把它们传递给新的幼虫。

AFB 孢子非常顽强，对极热和极冷都有抗性且不受杀菌剂影响，这就使得该病非常棘手。孢子可以休眠多年，然后再感染蜂群，最终杀死蜂群。

一个主要的传播方式是由养蜂人在蜂群之间调整巢脾、蜜脾和蜂机具，所以，我建议你不要购买二手的巢脾。如果你购买了一群蜜蜂，要确保它经由一个有经验的养蜂人检查过，并肯定它没有任何疾病，特别是没有美洲幼虫腐臭病或欧洲幼虫腐臭病。在英格兰和威尔士，如果没有当地的其他人可以帮助你，你的季节性蜜蜂检察官将会为你检查它。

症状

- 凹陷的、穿孔的封盖，看起来油腻的。
- 一个胡椒粉盒的外观，在那里大量的巢房被随机地开盖。

凹陷的封盖表明美洲幼虫腐臭病

胡椒粉盒孔的子脾模式

■ 一个不好的气味，尽管这不是决定性的。

对于美洲幼虫腐臭病，有两种现场测试。第一种是"黏性"测试。选择一个看上去像是感染的巢房，打开封盖。取一根火柴棒，戳进巢房，搅动幼虫遗骸。当你抽出火柴棒的时候，这个巢房内容物会形成一种黏状的"线绳"，可被拉长到 10~30 毫米。

National Bee Unit, Fera (crown copyright)

对于美洲幼虫腐臭病的"黏性"测试

National Bee Unit, Fera (crown copyright)

侧流装置测试盒

National Bee Unit, Fera (crown copyright)

一个疑似幼虫的样本被拿出

National Bee Unit, Fera (crown copyright)

疑似样本被放进提取瓶里

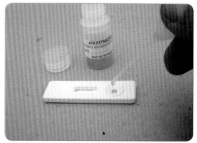

National Bee Unit, Fera (crown copyright)

摇晃均匀后，一滴被放进测试盒的检测孔里

National Bee Unit, Fera (crown copyright)

上面检测孔里的一条线表示一个无病结果，下面检测孔里的两条线表示有病结果第二个测试是使用一种侧流装置，由 Vita（欧洲）有限公司设计和出售，与孕检试剂盒是相同的工作原理。用抹刀将带有被怀疑症状的幼虫取出并放进提取瓶中，摇晃 20 秒后，用一个微量移取器将样本吸出一滴，放在检测孔里。大约 30 秒后，出现一条蓝色的对照线。等候 1~3 分钟，检测结果方可读出。第二条蓝线出现，则表明患美洲幼虫腐臭病；第二条蓝线不出现，则意味着你的蜂群无病。

用侧流装置时要采取的步骤

当幼虫遗骸干枯的时候，它们形成一个非常深的棕色鳞片，留在巢房底的低洼面，蜜蜂很难将其清除。为了检查一个巢脾是否有如此的遗骸，你要背对着光，以一个大约 45° 的角度握住巢框并向下看巢房，在巢房底的低洼面，就能看见这种鳞片。

National Bee Unit, Fera (crown copyright)

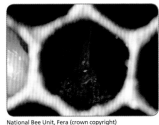

National Bee Unit, Fera (crown copyright)

美洲幼虫腐臭病的干枯鳞片

治疗

英国还没有从法律上允许对美洲幼虫腐臭病进行治疗。如果你的蜂群被确诊有这种疾病，就要做烧毁处理。所有的巢框、巢脾、蜜蜂和蜂蜜都要在深坑里烧掉，灰烬也要埋掉，以防止作盗蜜蜂发现废墟后把孢子带回家。用一个喷灯将木质的蜂箱部件燎烧成为巧克力棕色，喷灯所产生的火焰热度足以杀死孢子。

烧毁罹患美洲幼虫腐臭病的蜂群

欧洲幼虫腐臭病

这种病之所以这样命名，就是因为它最先在欧洲发现。与美洲幼虫腐臭病一样，它也是世界共患病。

欧洲幼虫腐臭病由一种细菌——蜂房蜜蜂球菌所引发。它感染一只发育着的幼虫的肠道，并与它争夺食物，使得幼虫在巢房被封盖之前很快地挨饿死去。然而，不是所有的幼虫都可被欧洲幼虫腐臭病所杀死，有些还可以继续发育并羽化为成虫。随着大幼虫排放肠道废弃物，该病菌被水平传播。

幼虫死后，第二次的细菌感染经常发生，这可以通过一个不好的气味所感知。

欧洲幼虫腐臭病在一年中的任何时间都可能发生，但主要是在春季。当蜜蜂盗窃一个染病的蜂群时，它就被传播了，并且它也能被分蜂团所携带。养蜂人通过在蜂群之间移动感染的巢脾、蜂蜜和蜂机具，再次成为罪魁祸首，这是不买二手巢脾的另一个原因。

欧洲幼虫腐臭病的幼虫不舒适地躺着，带有一种"溶解"的外观

症状

■ 染病的幼虫不舒适地躺在巢房里一个尴尬的位置。

■ 死去的幼虫会出现"溶解"

的外观，并转为黄棕色。

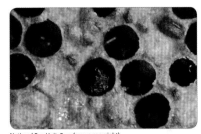

National Bee Unit, Fera (crown copyright)

罹患欧洲幼虫腐臭病后凹陷的封盖

■ 严重感染时，大量的幼虫死掉，呈现出一种带有补丁的子脾。

■ 第二次细菌感染后，会有一种难闻的气味。

■ 死在封盖巢房里的幼虫封盖看上去是凹陷的，还有穿孔。

■ 幼虫的遗骸不会如美洲幼虫腐臭病那样被拉出"线绳"来。

■ 死掉的幼虫遗骸所形成的鳞片很容易被清理出巢房。

■ 在蜂场里，可用一个侧流装置来确诊欧洲幼虫腐臭病。

治疗

欧洲幼虫腐臭病的生物技术治疗是由一个叫作摇动蜂团的过程所达到的。蜜蜂被从巢脾上抖落到一个新灭菌的含有巢础框的蜂箱里。为了实施这项"摇动蜂团"的技术，你需要：

■ 一个干净的巢箱，蜂群要被转移进去。

■ 用于暂时储存巢框的第二个箱体。

■ 全套的装好巢础的巢框。

■ 一个隔王板。

■ 一个干净的箱底板。

■ 一个快速饲喂器。

■ 2.5 升的 2:1（糖：水）糖浆。

步骤（如图）

1 从新的巢箱和箱底板上刮下蜂蜡和蜂胶。

2 用一个喷灯燎烧木质的部件，直到变为巧克力棕色，以烫死任何的疾病孢子。

3 用浓的苏打溶液擦洗金属部件并漂洗干净。

4 把蜂群搬到一边，在原址上放一个干净的箱底板。

5 在其上放一个隔王板以阻止蜂王离开蜂箱。

6 添加一个干净的巢箱，装满嵌好巢础的巢框。

7 从巢箱中央移走 3~4 个巢框开辟一个可以用来抖蜂的空隙。

8 找到蜂王，放入王笼，装进衣服口袋或其他安全的地方。

9 依次拿出每个巢框，握住框耳，在新箱体刚开辟的空隙里剧烈地抖动，强行流放蜜蜂。

10 把剩余的蜜蜂用蜂刷扫进新蜂箱。

11 把脱过蜜蜂的巢脾放进备用的箱体里盖住，以阻止蜜蜂获得入口。

12 把附着在原来巢箱上的蜜蜂敲进或刷进新蜂箱。

13 把附着在原来内盖和箱底板上的蜜蜂抖进或刷进新蜂箱。

14 重新放置原先移走的巢础框（第7步），把空隙填满。把它们架在蜜蜂上面，当蜜蜂爬上去时，再把它们轻轻地放下去。

15 释放蜂王回到原群。

17 放回干净的内盖。

16 增加一个快速饲喂器，用 2.5 升的浓糖浆（糖水比为 2:1）灌满，帮助蜜蜂把巢础造成巢脾。

18 放回大盖。

蜂群会安顿下来并开始加长巢础。当蜂王开始在其中产卵的时候，从下部的巢箱移掉隔王板。

一个轻度的感染也可以用土霉素来处理。这必须由季节性蜜蜂检察官来执行给药，他（她）可以给你解释这个过程。感染严重的蜂群必须与罹患美洲幼虫腐臭病的蜂群一样，被以同样的方式焚烧毁掉。

次要的幼虫病

白垩病

这种病是由一种真菌——蜜蜂球囊菌引发的，它在巢房被封盖后杀死里面的大幼虫。该名字源于幼虫的白垩质的白色外观，随着真菌的发

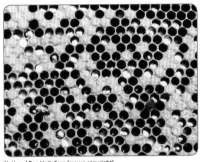

National Bee Unit, Fera (crown copyright)

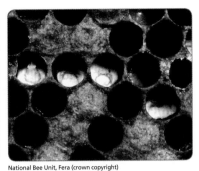

National Bee Unit, Fera (crown copyright)

整张巢脾里的白垩质幼虫"木乃伊"干尸

National Bee Unit, Fera (crown copyright)

在箱底上的白垩质幼虫"木乃伊"干尸

生发育，后来就转变为黑色了。你能在箱底和巢门口附近看见这些"木乃伊"干尸，因为蜜蜂可以把它们从巢房里移出来。

　　白垩病由粘在巢脾上和成年蜜蜂身上的孢子所传播。这些孢子可维持其感染性长达 3 年或更久，但是白垩病几乎不是一个严重的疾病。

治疗

　　某些蜜蜂比其他蜜蜂对白垩病更敏感。通过给蜂群更换一个不那么敏感的蜂王，一个严重的感染将会被减弱或根除。因为孢子可以在巢脾上残存很久，所以如果你还在按照常规来更换老旧子脾，那么你就要注意减少该病的发生率。你不必马上把它们全部替换掉，但是每年更换 2~3 个最旧的巢脾将会比较好一些。

囊状幼虫病

　　囊状幼虫病是由一种病毒引发的，该病毒能够阻止幼虫进行最终蜕皮，使之不能变为成虫。死的幼虫伸直躺在巢房里，它在一个充满液

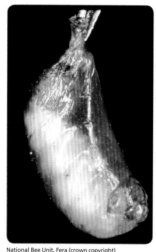

一只死于囊状幼虫病的幼虫

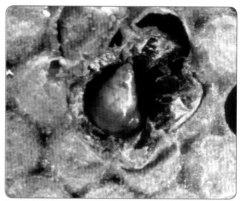

典型的龙舟船尾症状

体的囊里,外观很像尾部上弯的中国龙舟。幼虫变为黄色,然后是黑色,最后干枯成能被很容易去除的棕色鳞片。

囊状幼虫病很少影响大量的幼虫,通常会自行清理干净,不用治疗。可是,严重的情况可通过从一个无病的蜂群更换蜂王来处理。

白头蛹

这种情况下,受到影响的蜜蜂巢房是不封盖的。这通常是由于蜡螟幼虫的活动所致,但也可能是遗传造成的。外露的蛹仍可继续正常发育并羽化为成虫。保持强壮的群势可帮助蜜蜂防止蜡螟侵害。

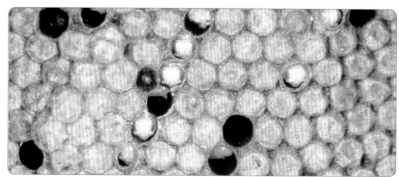

带有未封盖蛹的白头蛹

病毒病

蜜蜂有自己的病毒，这些类似于人类的一些病毒，它们能在蜂群里以一种不明显的感染状态存在，对蜂群没有不利的影响。很像人类的感冒病毒，到处都有，但仅在某些情况下才会变得活跃。

在瓦螨于1992年到达英格兰之前，多数养蜂人很少关注到蜜蜂病毒，因为它们几乎不成为问题。可是，瓦螨通过刺穿幼虫皮肤，以蜜蜂的血淋巴为食。这将会触发病毒并在整个蜂群里传播。

最普通的病毒是蜜蜂残翅病毒，受感染的成年蜜蜂有发育不良的和皱缩的翅膀。它们不能飞行，也不能加入到采集中去，严重削弱了蜂群。要是没有进行减轻螨害程度的处理，蜂群最终将会死去。有时，即使养蜂人采取了行动，可能也来不及拯救蜜蜂。

要降低某种病毒在蜂群里变得活跃的机会，主要的方法就是在你的蜂群里把瓦螨危害保持在一个低的程度。

一只感染了残翅病毒的工蜂

产卵工蜂

尽管它不是严格意义上的一种病，但是产卵工蜂确实影响蜂群的发展。在一个巢房里应该仅有一粒卵。有时，一只刚刚开始产卵的新蜂王，可能会在单个巢房里产下多于一粒的卵，可是，如果你在很多巢房里都发现有多粒卵，你就需要确定蜂王是否还在蜂群里。

如果出于某种原因，蜂王不见了，蜜蜂会从小于3日龄的工蜂幼虫中来饲养新蜂王。可是，如果没

在一个巢房里的多粒卵（右上角）可以表明是产卵工蜂

有这样的幼虫存在，蜂群就变成养蜂人所称的"无望地无王了"。换句话说，蜂群已经无力替代丢失的蜂王，马上就劫数难逃了。

由于本质上是雌性的，工蜂有卵巢，但是，由蜂王产生的信息素通常会抑制它们产卵。然而，一旦蜂王走失了，这种限制就没有了，几只工蜂将开始产卵。因为它们不能交尾，所以仅能产生雄蜂，这标志着蜂群濒临死亡。产卵工蜂经常在一个巢房里产下多粒卵，但是它们不会以蜂王那样的连贯模式产出。它们也倾向于在工蜂巢脾上产卵，这样，当它们把工蜂巢房扩大给更大的雄蜂居住时，巢房就变得扭曲了。

产卵工蜂的存在可从以下几点来识别：

- 在任意的巢房里有多粒卵。
- 不平整的巢脾。
- 在工蜂巢房上有拱起的封盖。

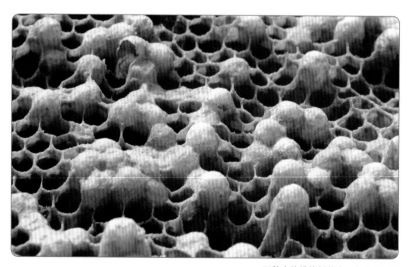

不整齐的雄蜂封盖表明有产卵工蜂

解决方案

人们很难给有产卵工蜂的蜂群换王，特别是如果它们已经出现好久了。最好是把这个蜂群当作丢失了，但是蜜蜂不必毁掉。把每个巢框依次拿出来，抖掉其上的蜜蜂，让它们跌落在一个强壮蜂群巢门前的地上。然后把有产卵工蜂的蜂群的蜂箱从它的基座上移走。蜜蜂最终将加入到其他的蜂群，通过交哺接受蜂王信息素，其已有的产卵冲动将被抑制，随后回归正常。

产卵工蜂的子脾可与其他有王蜂群里的食物脾交换，它们将在那里正常发育。在一个蜜蜂跑不进去的蜂箱里储存多余的食物脾，到冬季饲喂的时候再用它们。

如果你真的想要尝试保存你的产卵工蜂群，你就必须诱导这个蜂群去养育另一只蜂王。首先，尝试着降低工蜂产卵的欲望，蜂子也会产生一种能抑制工蜂产卵的信息素，所以引入一张多数还未封盖的子脾会有一个修复效应。通过确保这张巢脾含有卵或小幼虫，你也可以给这个蜂群提供能培育出蜂王的材料。蜜蜂或许不会在第一张你引入的巢脾上做这件事，你还要重复此过程。产卵工蜂可能会、也可能不会养育蜂王，但是你或许感觉这值得一试。

如果你想要在你的蜂场里维持同样数量的蜂群，我个人认为很容易办到，抖掉产卵工蜂，然后采取一些积极措施，把你喜欢的某个强壮的蜂群进行人工分群，以替换那个产卵工蜂群。

产雄蜂的蜂王

这里有一点混乱，因为蜂王有时会用完精子。它会用它的一对前足去"测量"巢房的宽度，如果这是工蜂房，就给这个卵进行受精，如果是雄蜂房，就不给这个卵进行受精。可是，她已经用光了所有的储存在它受精囊里的精子，最后就发展成为在工蜂巢房里产下未受精的卵。这将模拟产卵工蜂的情形，雄蜂产生了，巢脾的轮廓也打乱了。

如果你看见雄蜂在工蜂巢房里发育，就需要仔细检查蜂王是否还健在。

解决方案

因为蜂群是有王的，即使这个蜂王仅产雄蜂卵，你也能替换它并

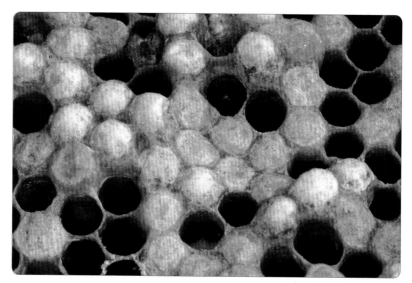

工蜂巢房里的雄蜂封盖子表明了一个专产雄蜂的蜂王

引入一个产卵正常的蜂王。介绍蜂王在上面章节已经介绍过了。

成年蜜蜂疾病

成年蜜蜂有它们自己的疾病。这些疾病有孢子虫病和阿米巴病，它们影响肠道；还有壁虱病，它影响气管或呼吸管。

孢子虫病

孢子虫病是最重要的世界性的蜜蜂疾病。直到前不久，这种唯一已知的致病因子还是一种叫作蜜蜂孢子虫的行专性寄生的微孢子真菌。但是最近发现，蜜蜂也受到东方孢子虫感染，它起源于亚洲的蜜蜂——东方蜜蜂。这被证明是更有侵染性的疾病。

内勤工蜂是通过舔舐和撕咬来清理蜂箱内的垃圾。在做这些的时候，它不慎摄入了孢子虫的孢子，这些孢子就会在它的肠道里繁殖，严重干扰了它消化食物的能力，特别是花粉。这可能会引起下痢，尽管不

是所有下痢的蜜蜂都有
孢子虫。下痢是由喷溅
在内盖上、巢脾上和其
他表面的棕色粪便被发
现的。

孢子虫病也能缩短
蜜蜂的寿命。这种影响
表现为：蜂群在春季建
群缓慢，发展停滞，甚

内盖上的排泄物能表明孢子虫病

至衰落，主要取决于感染的严重程度。感染严重时，蜂群可能大量减员
最终灭亡。如果你有不止一个蜂群，你可以对比蜂群的发展速率。

识别

如果你的蜂群在春季没有建成大群，尽管你有强烈的怀疑，孢子
虫病仅可以通过使用一个复合显微镜进行阳性识别。你的当地协会应该
会有一个会使用显微镜的技术人员为你做这个检测。

治疗

在英国，对孢子虫病官方没有具体的治疗方法。可是，通过将蜜
蜂转移到"干净的"（未被感染的）巢脾和／或巢础上来能够让疾病
中断，对转向健康提供相当大的帮助。对于大群，可把子脾上的蜂王
移到含有干净巢脾的箱体里，再把该箱体放在盖有隔王板的受感染蜂
群的上面。只要在上部的箱体里发现有新的蜂子，就把原有的子脾（摘
除蜂王的）放回到底下的箱体。一旦底下这个箱体里所有的蜂子都羽
化了，就把该箱体及其巢脾都移走，将蜜蜂留在"干净的"机具和巢
脾上。

弱小的、生病的蜂群可以被合并在一起，然后将这个有你喜欢的
蜂王的"组合"蜂群转移到如上的干净的巢脾上。

阿米巴病

阿米巴病是由一种被称为蜜蜂马氏管变形虫的生物所引发的，可影响蜜蜂的马氏管，等同于我们人类的肾脏。它在蜂群中的传递方式与孢子虫一样。阿米巴病似乎不会成为一个严重的问题，一个感染的蜂群可被转移到干净的巢脾上。

阿米巴病经常与孢子虫病同时发生。因为它没有显而易见的症状，也是仅可通过显微镜检查才能识别的。

壁虱（气管螨）病

壁虱病是由蜜蜂气管螨——武氏恙螨引起的侵扰，而不是一种疾病。它也被叫作怀特岛病，因为是首先在那里被发现的。这种螨也叫气管螨，因为它侵略蜜蜂的气管并在那里繁殖。这极大地缩短了蜜蜂的寿命，减慢了蜂群的发展，严重的感染还可杀死蜂群。

对于壁虱病，在英国目前还没有合法的治疗方法，但当前它已经不常被检测到了。某些进口的蜜蜂似乎比英国本土的蜜蜂更易感。没有可行的治疗方法，最好是让敏感的蜂群死去并用有抗性的蜂群加以替换。更换蜂王也是一种选择。

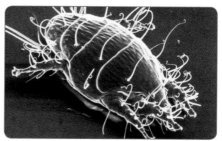

National Bee Unit, Fera (crown copyright)

一只气管螨

识别

在一个低倍解剖镜下就可以看到气管螨。用昆虫针固定住死蜜蜂，移去头部以暴露其第一对的气管。为了有一个更为详尽的检测，也要把前胸的那个"颈圈"给移走。

National Bee Unit, Fera (crown copyright)

解剖一只蜜蜂以检查气管里的气管螨，这只蜜蜂
是健康的

National Bee Unit, Fera (crown copyright)

这只蜜蜂有一个气管螨侵染

瓦螨

瓦螨俗称大蜂螨，对我们的蜂群而言无疑是最严重的威胁。它首先被描述为东方蜜蜂上的一种寄生虫。但是，当西方蜜蜂蜂群被带到如西伯利亚这样的地区，然后被带回欧洲，它就与它们的新寄主一起迁移过来了。从某种意义上说，瓦螨是如何到达英国的并不重要，只是它已经在这里了，我们就必须要对付它。

瓦螨生活史

瓦螨的成虫和若虫都以蜜蜂的血或血淋巴为食。如果蜂群里有成螨，它们既可以在成年蜜蜂身上也可以在封盖房内度过冬季。它们仅能在封盖房里繁殖，尤其偏爱在封盖时间比工蜂更长的雄蜂房里，在这里足以让其两

National Bee Unit, Fera (crown copyright)

一只瓦螨

个交配过的女儿螨出房而不是一个来自工蜂房的。当有雄蜂蜂子存在时，瓦螨的虫口就增长特别快。

识别

瓦螨的横长大约有 1.6 毫米，尽管它们躲藏在成年蜂身上的两个腹

节板之间，用裸眼是可以看到的。如果用一个割蜜盖叉子打开雄蜂封盖房，拔出其中正在发育着的雄蜂蛹，在它们白色的身体上，你就很容易看见一个个的瓦螨。

- 选择一个区域，在那里雄蜂蛹处于一个晚期的（粉红色眼睛的）阶段。
- 在封盖下滑动割蜜盖叉子的耙齿。
- 挑起雄蜂蛹，计数并记录。
- 估计并记录其上存在着的瓦螨数。
- 重复此工作，直到你已经检查了 100 个蜂蛹。
- 用全部的瓦螨数除以全部的蜂蛹数。
- 一个 5% 的感染是轻度的，超过 25% 是严重的。

用一个嵌有纱网的箱底板，你可以监控瓦螨的水平。这个箱底板包括一个可以让瓦螨掉落但不让蜜蜂通过的纱网嵌板。掉落的瓦螨不能重新爬回进蜂箱。包括蜡屑、蜜蜂残肢、花粉和污物等在内的蜂箱垃圾，统统掉落在一个可来回移动的隔底匣里。从这个隔底匣，你可以检查死螨的数量。

- 检查箱底板垃圾，记录螨数。
- 把这个螨数除以天数（自从你最后一次计数以来的天数）来获得一个日落螨数平均值。
- 这个日落螨数平均值取决于该蜂群里的瓦螨虫口和蜂子羽化量。
- 检查一下你的蜂群是否需要紧急的治疗。

National Bee Unit, Fera (crown copyright)

打开雄蜂房检查瓦螨

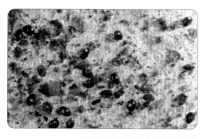

在嵌有纱网的箱底板上的瓦螨

一个在冬季或春季日落螨数平均比值为 0.5 的蜂群，如果不加以治疗，很可能会在季节末发生垮塌。相似地，如果你的蜂群在 5 月、6 月、7 月、8 月、9 月的日落螨数平均值为 6、10、16、33、20，该蜂群就需要治疗。

治疗

最初治疗瓦螨的化学农药是合成的拟除虫菊酯。市面上叫蜂螨清（Bayvarol®）和氟胺氰菊酯（Apistan®）的浸渍的塑料条，当浅继箱里没有蜜的时候，可以悬挂在巢箱里的巢框之间长达 6 周。然而，瓦螨对这种化学农药适应了并产生了抗性，所以其他的治疗急需开发。

蜂螨清和氟胺氰菊酯目前仍能在市场上买到，可是在英国它们已经被 Apiguard®、ApiLife Var® 和 Thymovar® 给无缝对接了，这些新药的主要成分都是麝香草酚和其他的精油。蜂巢清洁剂也可以在 Varroa-Gard® 和 BeeVita® 商品名下买到。蚁酸以蜂螨快速驱逐条（Mite Away Quick Strips®）形式，早在 2013 年就在英国获准使用，它可以全年悬挂。当蜂箱内无蜂子的时候，草酸也可用，尽管它是从一个拥有特殊进口证书的兽医手中获得才是合法的。可精确剂量和对养蜂人有最小风险的涂药器也可以买到。

要依法保存好你购买和应用注册抗螨药的记录，这些记录必须被保存 5 年。

无论你用何种抗螨药，都要仔细遵从说明书。不要冒险地认为如果你用两倍的治疗剂量或把它留在蜂箱里达两倍长的时间，将会有两倍的疗效。你不经意在做的这些事情，将会帮助瓦螨建立起对这些产品的抗性，那么这些产品就将变得无效了。

插入一个 Apistan® 药条

有害生物综合治理

有害生物综合治理（IPM）是一个以不同方式强效攻击瓦螨让其保持低种群的一个系统工程。这是你能够控制病毒的唯一方式，因为大量瓦螨的出现是激活它们的一个扳机。IPM不排除化学治疗，但仅当必须使用它们的时候，且要与其他生物技术和管理技术结合着用。

我们可以把瓦螨喜好雄蜂子作为优势来利用。对一个蜂群而言，移走雄蜂子没有明显的影响，除非雄蜂被用来进行一个育种计划。从3月中旬到5月末，拿一个浅的巢框，其上最好含有造好的巢脾，把它紧挨着含有蜂子的巢框插进去。于是，蜜蜂会在它的下框梁上自行建造雄蜂脾，当雄蜂子与蜂螨一起被封盖的时候，你就可以把它切割下来并毁掉。

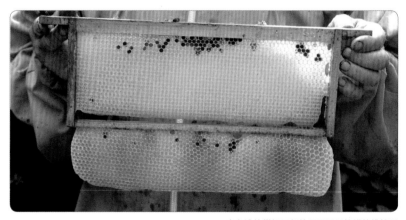

产在浅的巢框下部的用于诱杀蜂螨的雄蜂子

用这个方法时，你必须要做的是，在雄蜂出房之前移走封盖子。如果你没做，你将会在蜂群里把蜂螨非常高效地培育出来。

通过把蜂王限制在连续的子脾上，也可以将瓦螨从蜂群里移走。因为这是蜂群里唯一的一批蜂子，进而也是瓦螨繁殖的唯一场所。同样地，你也必须在蜂子出房之前，移走巢框并毁掉巢脾（及其蜂螨）。

蜂螨种群可以通过变相地抖蜂操作来缩减。首先，毁掉所有从蜂群里移走的脱蜂巢脾。然后，把 2~3 个造好的巢脾连同巢础框一起放入新的巢箱里，蜂王将会在这些巢房里产卵。这些蜂子将会把与成年蜜蜂一起抖进来的蜂螨吸引过去。当它们被封盖的时候，可用巢础框来换掉。最后，把换出来的子脾放在蜂群外，蜂子和蜂螨就这样被毁掉了。

小蜂螨

小蜂螨的学名叫亮热厉螨，尽管很像瓦螨，它最初寄生在亚洲的大蜜蜂上，现在已经转到西方蜜蜂上了。小蜂螨被认为仅限于在热带或亚热带地区存在，可是它在英国也能存活，在这里它被明文规定是一种须申报的疾病。如果你怀疑它存在，就有责任去向政府报告。

这种螨比瓦螨小得多，大约有 1 毫米长、0.6 毫米宽，呈浅的红棕色。它们在蜜蜂封盖房里繁殖，特别是雄蜂房。但是不像瓦螨，它们不能在成年蜜蜂体上取食为生。通过打开雄蜂封盖子的房盖检查蜂蛹来发现它们。

National Bee Unit, Fera (crown copyright)

小蜂螨

National Bee Unit, Fera (crown copyright)

瓦螨

蜂箱小甲虫

蜂箱小甲虫起源于南非，但是现在已经发现其出现在澳大利亚和美国。它于 2014 年 9 月在意大利南部被发现。这种黑色的甲虫长 5~7 毫米，可由它们棒状的触角所识别；其幼虫长 10~11 毫米，可通过背上的棘状突起和头部后面的 3 对足来识别。

雌性的甲虫进入蜂群，将卵产在角落和缝隙里。幼虫喜欢吃蜜蜂的卵虫，而不是蜂蜜和花粉。它们通过在巢脾上留下黏液来毁坏巢脾。为了化蛹，幼虫爬出蜂箱，钻入蜂箱周围的土中。羽化的成虫进入蜂箱，重复这个循环。

蜂箱小甲虫会造成严重的经济损失，在英国已被列为须申报的疾病。眼下还没有发现其足迹，但是每一个养蜂人都必须保持一个密切的检查，以便一旦发现它，政府会尽可能快地接到报告。

National Bee Unit, Fera (crown copyright)

一只成年的蜂箱小甲虫

识别

■ 当你打开蜂群的时候，看一下有没有甲虫正在逃避光亮。

■ 移走浅继箱（及双巢箱上部的那个），放在一个翻起的大盖上，用内盖盖好。

■ 几分钟之后，抬起箱体，在大盖里寻找甲虫。

■ 仔细检查所有的有子巢箱，检查箱底板上的幼虫。

National Bee Unit, Fera (crown copyright)

蜂箱小甲虫的幼虫

■ 卵大约是蜜蜂卵的 2/3。在狭缝和裂缝处还可以找到虫团。

■ 用一个甲虫诱捕器检查一下它们是否存在。主要的工作原理就是给甲虫提供一个可以躲藏的黑暗的空间。

亚洲胡蜂

亚洲胡蜂也叫黄脚虎头蜂，于 2005 年在法国南部被发现。它建群很快，现在正在英吉利海峡的法国一侧，以及西班牙和比利时。胡蜂的工作蜂捕食大量的昆虫包括蜜蜂，其一次袭击可以给蜂群带来明显的伤害。

趁着这种亚洲胡蜂在英国尚未建群之前，为了获取拦截它的最好机会，所有的养蜂人有必要来正确地识别这一物种。它比英国本土的黄边胡蜂更小，有全黑的胸部、黑的腹部和黄的足尖。但也不应与土生土长在东亚温带和热带的、世界上最大的胡蜂——大虎头蜂（也叫金环胡蜂）相混淆。

养蜂人必须监控这种胡蜂的到来，并将任何可疑的迹象向非英国本土物种秘书处报告（alert_nonnative@ceh.co.uk）。大量的胡蜂诱捕器是可以买到的，或者也可以用旧的饮料瓶来简易制作。定期地检查诱捕器，只要被捕获的欧洲胡蜂或其他的非靶标昆虫还活着，就释放它们。

补充信息、鉴定表和诱捕计划是可以在膜翅目基因组蜜蜂数据库网站（http://hymenopteragenome.org/beebase/）上找到的。

亚洲胡蜂

蜂群崩溃失调病

目前有太多的媒体报道过蜂群崩溃失调病（CCD）了，最初的报道是在美国。还有在 2008 年和 2009 年由英国报道的，声称蜂群损失比通常的还大。我个人不相信这里出现了 CCD，这些损失更可能是瓦螨和差的天气导致的结果。

症状

■ 大多数的成年蜜蜂可在短期内（几个小时或几天）离开蜂群。

■ 这些蜜蜂在蜂箱附近不能被找到，不像被某种毒物所杀死的那种情况。

■ 蜂王与少量的工蜂仍在蜂箱里。

■ 死于 CCD 的蜂群不会如正常情况下的那样，立即被其他群的蜜蜂所盗窃。

■ 蜡螟不会马上就侵入死的蜂群，而是有一个罕见的延时。

已有大量的资金被投入到CCD病因的研究中来。目前产生了几种假说，但显而易见的是还没有提到某个单个的原因。就在本书写作期间，一个最新的假说认为是东方孢子虫和一种新发现的昆虫彩虹病毒的联合。但愿这些研究人员不久将会给出一个答案，甚至是一个解决方案。

盗蜂和迷巢

盗蜂和迷巢都不是病，但它们却是传播疾病的一个主要途径，另一个传播途径则是由养蜂人从一个患病的蜂群向另一个健康的蜂群转移巢脾。

胡蜂挤进蜜蜂蜂箱去盗窃蜂蜜

盗蜂

一个蜂群的蜜蜂将试图违法地进入并偷盗另一个蜂群的蜂蜜。如果该被盗群是一个有病群或者是死于美洲幼虫腐臭病、欧洲幼虫腐臭病、孢子虫病或其他任何疾病，作盗的蜜蜂将把这种病带回到自己的蜂群里。

事先预防盗蜂要比阻止作盗会容易得多。要确保在蜜蜂（或胡蜂）可以获得入口的箱体之间没有缝隙。一个6~8毫米的蜂路真的是非常小的缝隙。可以用小块的泡沫，如厚靠背垫，封堵任何的缝隙。可以将橡皮泥捏制成凸模，塞住孔洞。也可以用一些胶带样的东西糊住它们，尽管以后你可能出于某种原因要分开箱体而需要把这个替换一下。

这些措施必须被看作是暂时的，并且一旦它们远离蜜蜂，你还要注意哪些箱体需要进行修补。有序存放你的机具是有好处的。我曾有过在一个外场的4个满浅继箱的蜂蜜被胡蜂统统盗窃光的经历，因为我没有注意到箱体之间的两个小缝隙。

迷巢

疾病也可以通过蜜蜂的蜂巢错投而传播。从一次采集飞行返回的蜜蜂偶尔会进入到其他群的蜂箱。守卫蜂将会接受携带满满蜜囊花蜜的陌生者并让其进入。但是，这也是一种传播疾病的主要方式。狂风会带着蜜蜂顺着一排的蜂箱落脚，在损失中间那些蜂群的情况下，末尾蜂箱的虫口数却增加了。这些蜂群将"采集"更多的蜂蜜，将有更多的浅继箱。蜜蜂似乎要被吸引到更高的蜂箱，而这恰恰加剧了情形的恶化。

尽管你可能喜欢一个整洁有正规的蜂箱排列的蜂场，但是，回巢工蜂发现这些重复的模式会有些晕头转向。在前面章节我们已经介绍过了，如果你把蜂箱排列成规则的区块，你就需要一个独特的地标，如一个灌木丛或矮树丛，来区别它们。巢门也要面向不同的方向。如果你在同一个蜂箱基座上放置两个蜂箱，还要保证它们至少相互隔开45~60厘米。

在一个基座上的两个蜂箱应该至少隔开40厘米

蜂场卫生

确保在蜂场周围不会留下任何的巢脾或蜂蜜。将一个小的带盖子的容器带到蜂场，把赘脾或从上框梁和隔王板上刮下来的蜡渣碎片收集进去。把它盖好，以便蜜蜂不会发现它并试图偷盗里面的东西。你可以把容器收集的东西包好丢掉，或者，如果你有一个太阳能化蜡器，你可以将它们收集进去并回收利用蜂蜡。

英国国立蜜蜂检疫站

在英格兰和威尔士的养蜂者们非常幸运地拥有来自英国国立蜜蜂检疫站（NBU）提供的服务，它是英国政府动植物健康事务部（APHA）的一个执行机构，总部在约克郡附近的沙哈顿。

英国国立蜜蜂检疫站负责疾病检查服务。英格兰和威尔士地区各有一个全职的蜜蜂地区检查官（RBI），由蜜蜂季节性检查官（SBIs）团队支持，这些人员来检查你的蜂群，看看有没有须申报的蜜蜂疾病（蜜蜂法定传染病）：美洲幼虫腐臭病、欧洲幼虫腐臭病、蜂箱小甲虫和小蜂螨。

如果一种须申报的疾病被确认，就要被给予适当的治疗。蜜蜂检查官将发给你一个暂停通知书，禁止从你的蜂场搬迁蜜蜂和蜂箱。如果在6~8周内没有进一步的疾病征兆，那个暂停通知书将被取消。蜜蜂季节性检查官会联系在5千米半径内的所有已知养蜂人并检查他们的蜂群是否有病。

英国国立蜜蜂检疫站有非常好的关于蜜蜂疾病的描述性资料，可到其网站（www.nationalbeeunit.com）下载。这个网站也包含非常多的关于疾病的有用信息。如果你住在英格兰或威尔士，我强烈建议你在蜜蜂数据库上注册。了解养蜂人和他们的蜂群在哪里，英国国立蜜蜂检疫站是帮助我们大家战胜疾病、保证蜂群健康的最好地方。最近，关于苏格兰疾病检查服务的信息已被编入膜翅目基因组蜜蜂数据库。

敌害

我们的蜜蜂不但要与众多疾病做斗争，而且还要与大量的敌害做斗争。

小鼠

小鼠可以进入蜂群和存储设备里。它们通常仅能进入有蜜蜂的蜂箱，当蜜蜂不活跃时，这就是蜜蜂结团越冬的时候。一旦进入到里面，小鼠就能引起大破坏。它们将咀嚼木质的蜂箱部件，吃掉储存物，在巢脾里打洞并带进做窝的材料。

我知道小鼠能够进入一个小如 12 毫米的缝隙，这意味着它们不能通过一个仅有一个蜂路（6~8 毫米）高的缝隙。因而，一个窄的箱底板会阻止小鼠进入。你必须得用一个防鼠夹来保护一个深的巢门。这是一个金属长片，宽度与蜂箱的宽度相匹配并足以容易地盖住巢门。其上有许多被打出的直径为 10 毫米的孔，允许蜜蜂通过但是比其更大的生物不行。

在 10 月末或 11 月初，取下巢门档，安放防鼠夹。对于叠放的蜂箱箱体，在上面和下面各放一个多余的隔王板，可以阻止小鼠进入。

一只进入蜂箱但没有幸存的老鼠

大鼠

大鼠比小鼠甚至可以引起更大的危害。如果它们进入存储设备，就会带来一个额外的问题，因为当它们移动的时候，它们会滴下尿液，

冬季用一个防鼠夹来阻止啮齿动物进入

这会携带病毒传染给人类，使之罹患威尔氏病[⊖]。一旦发现它们进入设备，你要马上用新的巢础替换出巢脾，要用一种强力的消毒剂将其他的蜂箱部件彻底擦洗后再使用。

胡蜂

在夏末，当胡蜂试图从蜂箱里盗窃蜂蜜的时候，它们对于蜜蜂来说真是一个头痛的事情，但是它们仅仅是在寻找食物。成年的胡蜂以糖为生，会在花上采集花蜜。当给自己的幼虫饲喂蛋白质如苍蝇和蜜蜂时，也会从幼虫那里获得一种糖的分泌物作为奖赏。胡蜂蜂群有一个年度生活周期，同新的、交尾过的蜂王冬眠。当胡蜂蜂群在秋季衰退的时候，就只有少量的幼虫能给成年饲喂者提供以糖的奖赏，所以成年胡蜂就得到其他地方去找寻，包括进蜂箱。

如果你的蜂箱是防蜂的，它也将是防胡蜂的，这是帮助你的蜜蜂保卫它们的蜂蜜储存的最好的方式。除了确保所有的箱体和大盖是紧

⊖ 人类患威尔氏病最初出现类似流感的症状，但最终将导致黄疸和肾衰竭。——译者注

一个蜂群需要能够守护住它的巢门，以对抗入侵者，特别是在秋季

密安装的，你还要确保大盖上的通风孔是被一个好的金属丝网盖住的。接下来将蜂箱的巢门缩小到使蜂群容易防卫，较小的蜂群需要较小的巢门，甚至减小到只允许单个蜜蜂进出的蜂路。最好是让蜜蜂排队进出而不让胡蜂在拐角处偷偷溜入。把子区移动到正好在巢门后的地方，也会鼓励蜂群更强烈地防

排队进入蜂箱的蜜蜂们

御它，因为守卫蜜蜂会被指派到更靠近袭击点的位置。可以考虑一下，将一个太小而不能以这种方式获得帮助来防御胡蜂的小蜂群与更大的蜂群合并。杀死你最不喜欢蜂群里的蜂王，把最弱的那个群放在报纸上面。

蜜蜂

一旦有机会，蜜蜂会盗窃其他群。预防盗蜂发生总是比试图去终

止盗蜂行为要好得多。再次确保蜂箱是防蜂的，并且还缩小了巢门。当你在检查蜂群时，应意识到潜在的作盗行为。如有可能，那一天的重心就是不要检查蜂群。但是，如果你一定要检查蜂群，一旦作盗露出端倪，就要尽可能快地关闭蜂箱。

鸟类

鸟吃昆虫，包括蜜蜂。可是，所损失的数量一般很小，蜂群能够应付并迅速补偿。

能引起相当大问题的一种鸟是绿色啄木鸟。一个蜂箱很像一个里面容纳了很多昆虫的空心树，这是一个值得享用的饕餮盛宴。啄木鸟会忽视蜂箱很多年，然后突然地就"发现"了它们。此后，它们就年复一年地返回来。它们可以在蜂箱侧壁啄出很大的洞来取食蜜蜂、蜂蜡和蜂蜜。通常，它们在有蜜蜂的蜂箱上来回捕捉蜜蜂，但是我知道它们甚至还危害存储设备。

啄木鸟的破坏

用铁线网防止啄木鸟

最好的防护就是用小网眼（25毫米）的细铁丝网包住蜂箱，确保它足够深，盖得住箱体的整个深度直达箱底板，也要折叠到大盖保持原位固定。要让铁丝盖住巢门，又要让蜜蜂能飞过，并且啄木鸟还不能毁坏了巢门的狭槽。在4月之前，都不要移走纱网。之后，小心地卷起来，留着来年再用。

一个不怎么昂贵的选择是将耐用的塑料布条钉在大盖上，确保它们悬垂到箱底板。你也可以在蜂箱的每一侧悬挂宽的嵌板，或裁出薄的塑料条让它迎风飘动，以此希望给啄木鸟提供一个额外的威慑。所裁的塑料条要略微短些，不能挡住巢门，以便蜜蜂仍能飞进飞出。

飘动着的塑料条也会阻止啄木鸟

家畜

如果你的蜂场有可能被邻居的家畜侵入，你就要给它扎起篱笆。不要冒蜂箱被撞翻的风险。如果这个在冬季发生了，你的蜂群将死去。

蓄意破坏者

不幸的是，某些人在毁坏蜂箱上找到了乐趣。它们向蜂箱投掷石头，把蜂箱掀翻。一个养蜂人告诉我说蓄意破坏者们甚至还把点着的烟花爆竹塞进了他的蜂箱。我始终搞不懂为什么人们做这种事，但是最好的预防方式就是避免你的蜂箱进入公众视线。或者你把蜂箱涂上柔和的伪装色，把它们给隐蔽起来。

蜡螟

蜡螟有两类：大蜡螟和小蜡螟。两种蜡螟的幼虫（俗称巢虫）都吃蜂蜡，成为蜂箱内严重的害虫，特别是储存的巢脾。大巢虫喜好子脾，而小巢虫喜好危害储存的浅继箱。当大巢虫化蛹的时候，它会咀嚼沟槽

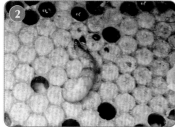

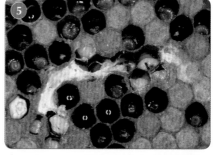

大蜡螟（图示说明如下）：

1. 成虫蛾子（死的）。

2. 幼虫。

3. 巢箱上的沟槽，幼虫在此化蛹。

小蜡螟（图示说明如下）：

4. 成虫蛾子。

5. 由幼虫在巢脾上挖通道留下的痕迹。

6. 带状织物和排泄物。

进入到木质的蜂箱表面。大、小巢虫都能毁坏巢脾，产生很多的结实的带状织物和排泄物。要保持你的蜂群强壮来避免蜡螟危害，以便不使其侵染逼近蜜蜂。不要在一个暖和的地方储存你的浅继箱，这会助长蜡螟繁殖。

有几种你可以考虑的存储备选方案：

■ 在户外的一个基座上储存成摞的空的浅继箱。把防鼠的纱网（如隔王板）放在叠放的浅继箱上下两端，用一个防水的大盖盖住。

■ 当你已经准备让蜂群越冬之后，在已经打开饲喂孔的内盖上储存浅继箱，上面盖上大盖。

■ 用塑料包裹巢脾，把它们储存在深冷冻的或是冷的、小鼠不可以接近的地方。

■ 用苏云金芽孢杆菌处理储存的浅继箱，它是一种可以杀死蜡螟幼虫的生物防治法。

第七章

养蜂年历

这一章旨在给你一个关于你的蜜蜂将要做什么和你全年要怎么照看它们的快速的摘要。牢记：实际工作时间会根据你住在哪里而发生变化。把它们作为一个指南，并运用你当地的知识和常识。养成记录的好习惯，然后你就可以重新查阅这些来对照一下在你的国家的某个地区事情是何时发生的。如果螨的水平高起来，执行定期的瓦螨检查并用MAQS®等产品给予治疗。

1月

■ 偶尔拜访你的蜂场一下，检查看看是否一切都好，有没有蜂箱被掀翻，有没有防鼠夹变分离。

■ 在一个晴朗的足够暖和的天气，蜜蜂应该在飞。它们将排便，或许还能从冬季开花的植物上采集花粉。

■ 如果你的地区有雪，遮蔽巢门，不让蜜蜂飞出来。它们会被雪的反射弄混淆了，飞进雪里而因此丧命。

冬季的蜂群

抬起蜂箱检查蜂群有足够的食物

2月

■ 白昼延长意味着蜂王要开始产卵了。

■ 再大一些的活动意味着蜜蜂将开始蚕食它们的冬季储存了。

■ 抬起蜂箱检查蜂群有足够的食物。

■ 箱底板或起落板上的蜡屑表明蜜蜂打开了巢房在使用储存食物了。

■ 被带进蜂箱的花粉团表明育子活动加大了。

■ 确保蜂场附近的水源是在一个阳光明媚的地方,在蜜蜂啜饮之前,可以将水加温。一只冻僵的蜜蜂是不能飞回蜂群的。

3 月

■ 当天气条件适宜的时候,确保你的所有蜂群都飞行良好。

■ 检查被带回蜂箱的大的花粉团。

■ 在一个温暖的天气,使用很少的烟并抬起内盖。蜜蜂要看上去如去年 9 月那样的强壮。

春天的花粉团

■ 在上框梁上寻找可见的排泄物,这是下痢的症状。

■ 移走内盖下的小木棍,关闭饲喂孔。

■ 抬起蜂箱,如果有必要,用一个接触式饲喂器在越冬团上方饲喂稀释的糖浆(糖和水的比为 1:1)。

■ 起码一周要饲喂一次,但要等到天气好到足以让蜜蜂飞出去排便时再进行。

■ 不要太早查看子脾,否则蜜蜂会杀死蜂王,要等到一个暖和的天气才行。当开花的醋栗正值盛花期时,你就可以在一个暖和的天气检查你的蜜蜂了。

4 月

■ 在 4 月中旬,开始对大群进行定期的子脾检查。

■ 记录你所看到的。

■ 留心分蜂迹象。

定期的蜂子检查

当蜂群决定要分蜂时的王台

- 当巢箱充满了蜜蜂的时候，添加一个隔王板和浅继箱。
- 移走任何的老旧的、无子的巢脾，用巢础框替换它们。
- 如果有必需，饲喂蜂群以帮助它们把巢脾造好。
- 如果你认为事情不大对头的时候，请向一位有经验的养蜂人求助。

5月

- 确保蜂群有足够的空间。
- 当蜂箱上的每个新箱体充满了蜜蜂的时候，继续添加浅继箱。
- 继续定期的子区检查。
- 列出你所选的分蜂控制方法的步骤。
- 确保你手头有全部的必需设备。
- 移走准备摇出的、充满了蜂蜜的浅继箱或巢框。
- 用空的浅继箱来替换，以避免蜂群拥挤。

6月

- 继续做5月在做的事。
- 如果你已经成功地控制了分蜂，那种定期的检查就可以结束了。
- 你所在地区如果有"6月断蜜期"，要确保你的蜜蜂有足够的食物储备。

■ 设法确保那只从分蜂控制措施产生的新交尾王正在领导你的主要产蜜群。这将极大减少蜂群二次分蜂的机会。

一只新交尾的蜂王

7月

■ 对多数养蜂人来说，7月仍是主要的采蜜时节，有酸橙和三叶草陆续开花。

■ 评估一下你的浅继箱里会有多少蜂蜜。

■ 当蜜蜂看起来已经自行停止在浅继箱里储存蜂蜜的时候，当巢房被封盖后摇取大多数的蜂蜜。

■ 不要添加更多的浅继箱，除非你知道你的蜜蜂确实需要它们。在一年中的这个时候，子区开始收缩了。

■ 应当了解你的蜜蜂仍可从诸如琉璃苣等作物上采集花蜜。

正在给一片琉璃苣授粉的蜜蜂

8月

■ 移走充满了蜂蜜的浅继箱，并摇出其中的蜂蜜。

■ 如果你的蜂群在巢箱里没有食物储备，要饲喂它们。

■ 不要在户外将巢框或蜂蜜随便乱放。

■ 让蜂箱是密不透"蜂"的，缩小巢门，预防盗蜂。

■ 不要打开蜂箱查看蜂群，除非绝对必要的时候。

■ 开始瓦螨治疗，如果你有 Apiguard®、ApilifeVar®、Apistan®、Bayvarol® 或 Thymovar®，开始治疗瓦螨。

应用 Apiguard® 治疗瓦螨

9月

■ 评估子脾上的蜂蜜量。

■ 饲喂大量的冬季必需的储备食物。

■ 目的在于在子区周围获得足够的食物储存。

■ 抬起蜂箱掂量其重量。

■ 常青藤将进入花期，但是不要依赖于它提供冬季储存食物，因为坏的天气不允许你的蜜蜂去它上面采集。

■ 储存食物于浅继箱，以减少被蜡螟危害的机会。如有必要，可用市面上买得到的苏云金芽孢杆菌如 B401(Certan®)或 Mellonex® 来治疗。

在傍晚饲喂糖浆

缩小巢门，预防盗蜂

10 月

- 检查一下是否你的蜂群正在被胡蜂或被作盗的蜜蜂所打扰。
- 确保所有的蜂箱都是防作盗蜂和胡蜂的。
- 关小巢门，直到第一场霜冻杀死了胡蜂。
- 移走巢门档，给深的巢门安放防鼠夹。
- 根据制造商的用法说明，移出瓦螨药物。
- 记录所用药物的批号以及插入和取出的日期，这是法律要求的。

11 月

- 升高内盖进行冬季通风。
- 预防蜂箱免受啄木鸟危害,如果它们在你的地区是一大问题的话。
- 预防蜂箱被家畜撞翻。
- 在有风的地方，在大盖上放一个重物，以预防大盖被掀翻吹走。
- 留下你的蜜蜂独处，一定不要打搅这个越冬蜂团。

计划出席蜂场会议和培训讲座

啄木鸟防护

12 月

- 每隔几个星期检查一下你的蜂群确保一切正常。
- 翻看你的记录回顾过去的一年。
- 确定什么做过了以及为什么做的。
- 确定什么没有做过以及为什么没去做。

■ 为来年制订你的活动计划——蜂群增加、蜂王培育、转地放蜂。

■ 自制或购买任何你将需要的额外蜂箱。如果你能用锯子把木头锯直，可以考虑自制蜂箱。

金色的蜂蜜酒

术语表

6 月断蜜期——在 6 月里，饲料的可得性严重降低，蜂群会挨饿，除非养蜂人检查它们的储存并在必要的时候饲喂它们。

AFB——见美幼病。

Apiguard®——一种在英国注册的、以麝香草酚为主的、治疗狄斯瓦螨的药物。

Apilift Var®——一种在英国注册使用的、以麝香草酚、薄荷醇、桉树油和樟脑油为主的、治疗狄斯瓦螨的药物。

Apistan®——一种在英国注册使用的、拟除虫菊酯配方的缓慢释放的（高分子）聚合物片条，专门设计用来在蜂箱里治疗狄斯瓦螨。

Bayvarol®——一种在英国注册使用的、拟除虫菊酯配方的缓慢释放的（高分子）聚合物片条，专门设计用来在蜂箱里治疗狄斯瓦螨。

BBKA——英国养蜂者协会。

BeeBase——由英国国立蜜蜂检疫站（www.nationalbeeunit.com）管理的数据库。

BeeVital Hive Clean®——一种蜂箱清洁剂，可激活蜜蜂天然的清洁本能，并保持它们强壮以及处在适当的状态下。

CCD——见蜂群崩溃综合征。

DCA——见雄蜂集结区。

DN1——一种带有窄的侧边框的深的巢框，用于安放在改进的"本地箱"的巢箱里。

EFB——见欧幼病。

Hive Alive®——一种有益于蜜蜂蜂群健康的营养补剂。

IPM——见害虫综合治理。

MAQS®——一种在英国注册的治疗瓦螨的药物，以蚁酸在糖凝胶条里缓慢释放的组合方式设计，当蜂蜜浅继箱在蜂箱上时可以使用。

Melomel——一种用果汁和蜂蜜制成的蜂蜜酒。

NBU——英国国立蜜蜂检疫站。

Porter 脱蜂器——一种用于清理浅继箱里蜜蜂的装置，两个弹簧阀门允许蜜蜂往一个方向通过但是不能返回。

RBI——地区性蜜蜂检查官。

SBI——季节性蜜蜂检察官。

SN1——一种带有窄的侧边框的浅的巢框，用于安放在修改过的本地浅继箱的箱体里。

SHB——见蜂箱小甲虫。

Thymovar®——一种以麝香草酚为主的、在英国注册的、用于治疗瓦螨的药物。

WBC 蜂箱——由威廉·布劳顿·卡尔（William Broughton Carr）设计的一种双层箱壁的蜂箱。

阿米巴——一种原虫，蜜蜂马氏管变形虫，它影响蜜蜂的马氏管（相当于肾脏）。

阿什福斯饲喂器——一种木质的饲喂器，覆盖在蜂箱的横截面上，带有一个糖浆库，蜜蜂可以从侧面获得通道。

白垩病——由一种叫作蜜蜂球囊菌的真菌引起的疾病，它影响封盖子。

摆尾舞——由蜜蜂使用的最普通的通信舞蹈，用以说明一个食物源距离蜂箱超过 100 米。

孢子虫——由特化的微孢子真菌病原（蜜蜂微孢子虫和东方蜜蜂微孢子虫）引起的疾病。这些微孢子虫感染蜜蜂的肠道，通过阻止蜜蜂适当地消化食物来缩短蜜蜂的寿命。

薄的巢础——一片比育子用的巢础更薄的巢础，用于生产巢蜜。

壁虱病——由一种武氏恙螨引起的疾病，该螨寄生于蜜蜂的气管，主要从胸部的第一对气门侵入。

哺育蜂——年轻的工蜂，3~10 日龄，负责饲喂和照顾正在发育着的蜂子。

采集蜂——见飞行蜂。

采集行为——寻找并收集花蜜、花粉、水和蜂胶的活动。

草酸——一种对瓦螨有效的有机酸。在英国是不被授权使用的，但可以从拥有专门的进口执照的兽医那里获得。

产卵工蜂——一种可产未受精但可育的卵的工蜂，其产下的卵，仅能长成为雄蜂。发生在蜂群变成无王和不能养育新蜂王的时候。

产雄蜂蜂王——仅能产未受精的、卵又仅能发育成为雄蜂的蜂王。

巢础——被压制出巢房基形状的蜂蜡片。大小适宜于工蜂和雄蜂的巢房，可用或不用铁丝加固。

巢房——构成蜂蜜巢脾的小的、6 个边的蜂蜡分隔间，被用于储存蜂蜜和花粉以及养育幼年时期的蜜蜂。

巢框滑片——一片狭窄的折合金属片，钉紧到蜂箱内侧上部边沿的对面，其上可悬挂巢框。

巢框——设计来容纳巢脾的木质或塑料的结构，养蜂人可利用它充分地检查蜂群。

巢门档——一个可移动的木块，用于缩小巢门的宽度。

巢门——经过蜂箱前部的一个延长的空间，蜜蜂通过它进出蜂箱。

巢蜜格——建在椴树木（桃花心木）巢框里的特殊的蜂蜜巢脾。通常是整体出售的，也可以是圆形的塑料形式的。

巢脾——由蜜蜂修建的众多六角形蜂蜡巢房的集合，在其内可以养育蜂子，储存蜂蜜和花粉。

巢箱——蜂王被限制、蜂子被养育的区域。

沉降槽——一个盛放液体、气体的大容器，此处指容纳蜂蜜的大罐，在打开基部的龙头装瓶之前，允许气泡上升到液面。

成熟的王台——一个马上就要羽化出蜂王的王台。蜜蜂从其尖端移走蜂蜡，暴露棕色的羊皮纸样的茧衣。

城墙型蜂路——一个薄的金属片，其上有狭槽被切出用来放置框耳，被钉在箱体上部边缘内侧的对面。被设计用来在巢框之间保持着一个恒定的空间，可有不同数目的狭槽。

储存——由蜜蜂采集的一定重量的蜂蜜，特别是那种在冬季必需的储存。

处女王——年轻的、未交尾的蜂王。

触角——在蜜蜂头部的探针对，携带有触觉、嗅觉和振动的感觉细胞。

大蜡螟——主要侵染储存的箱体，但也会侵入蜂群，削弱工蜂虫口。幼虫咀嚼木制品，在其上制造洼地，然后在其中化蛹。

挡风墙——一个障碍物，如一个厚的篱笆，削弱风吹向蜂场里蜂箱上的力量。

狄斯瓦螨——一种在封盖巢房内繁殖、以蜜蜂幼虫和蜜蜂蛹的血液为食的蜂螨。如果它没有杀死发育着的蜜蜂幼虫，也会触发病毒的发作机制，导致蜜蜂严重的畸形，如皱缩的翅膀。

第一次分蜂——第一个分蜂团离开蜂群，通常含有老蜂王。

定向飞行——一个由年轻的工蜂在它开始采集之前，在蜂箱前面或附近所进行的短飞行，以便确定蜂箱的位置。也可叫作"玩耍飞行"。

抖落蜂团——蜜蜂与它们的蜂王一起，被从一个蜂箱抖落到另一个蜂箱。用于控制分蜂行为或疾病，如瓦螨或欧洲病。

二次分蜂团——见乱蜂团。

发酵——由耐糖酵母菌引起的蜂蜜的化学分解，与蜂蜜含水量高有关。制作蜂蜜酒时可以从中获益。

防蜂服——一种由养蜂人穿着的服装，在打开蜂箱期间起防护作用。

防鼠夹——一个其上含有孔的金属条或类似物，允许蜜蜂进出蜂箱但阻止小鼠获得入口。

飞行蜂——日龄老到足以飞出去采集花蜜和花粉的工蜂。通常在大约 3 周龄时开始采集。

分蜂控制——所有的用于阻止分蜂团离开蜂箱的方法。

分蜂团——不在蜂箱里的大量蜜蜂，里面应含有一只交尾过的蜂王。蜜蜂可能正在等待着建立一个新蜂群（分蜂）或从一个差的环境里逃跑（弃巢）。

分蜂王台——在分蜂之前，经常的但不是总能在巢脾下边沿找到的王台。

分蜂预防——有些物理条件会刺激蜂群分蜂，分蜂预防是指预防这类条件出现的方法。

封盖——盖在密闭巢房上的蜂蜡。在蜂蜜巢房上的封盖仅由蜂蜡组成，盖在蜂子巢房上的封盖包括绒毛和其他材料。

封盖子——处于蜜蜂发育的蛹期，在这期间它可以变态为一只成虫。

蜂场——饲养一群或多群蜜蜂的地方。

蜂毒过敏——当人被蜂蜇过后，所经历的从轻微的皮疹、皮肤发痒到过敏性休克等诸多症状的情形。

蜂毒——由附着有蜜蜂螫针的特殊腺体分泌的毒素。

蜂胶——一种由蜜蜂从各种树（如柳树的蓓蕾芽）上采集的树胶状的材料。

蜂蜡——一种由工蜂腹部腹侧腺体产生的碳氢化合物，用于巢脾建造和巢房封盖。

蜂路——由蜜蜂在巢脾和箱内其他表面之间留下来的空间。它大到足以让蜂王、工蜂和雄蜂通过。

蜂蜜成熟槽——见沉降槽。

蜂蜜——花蜜的浓缩形式，可保存很长的时间。蜂蜜的颜色和风味依赖于所采集的花朵种类。

蜂蜜酒——由蜂蜜和水制成的含酒精的红酒样的饮料。

蜂群——蜜蜂可见的活着的单元，由一只蜂王和众多工蜂所组成。在夏季雄蜂也存在。

蜂团——见越冬蜂团。

蜂王——雌性蜜蜂的两个变体或级型中的一个，比工蜂更大更长，能交尾并产出受精卵。

蜂王浆——一种由年轻蜜蜂产出的高度营养的腺体分泌物，用于饲喂蜂王、小幼虫和要被培育成为新蜂王的幼虫。

蜂王物质——由蜂王产生的复杂的信息素。通过工蜂间的食物交换被传递到全群，使其他工蜂意识到蜂王的存在。它的存在可中止工蜂养育更多的蜂王或抑制它们产卵。

蜂箱基座——支撑蜂箱使之离开地面的结构。

蜂箱小甲虫——一种小的甲虫，体长约为工蜂的 1/3 大，身体为深红色的、棕色的或黑色的，头上有独特的棍棒状触角。幼虫和成虫都吃蜂蜜和花粉，会使得巢脾里的蜂蜜腐败。尽管在美国它是一个日渐烦恼的害虫，但在英国尚未出现，还是一个必须申报的疾病，已于 2014 年在意大利发现了。关于蜂箱小甲虫的咨询资料可在英国国立蜜蜂检疫站（www.nationalbeeunit.com）获得。

蜂箱——一种安置蜜蜂的容器，由一个箱底板、巢箱、一个或多个浅继箱、一个内盖和一个大盖组成。

蜂子——蜜蜂发育的未成熟时期。含有卵和幼虫的巢房被叫作未封盖子，在其内幼虫化蛹为成虫的封盖巢房被叫作封盖子。

蜂子模式——不同发育期蜂子的同心圆环的打旋模式。一个好的蜂子模式有很少的空巢房，表示该蜂王的蜂子是极其健康的。

复眼——昆虫特有的眼球结构。蜜蜂的两个眼睛的眼罩是由成千个彼此分开的小眼组成的。这些小眼联合的结果给予蜜蜂与众不同的图像（镶嵌型图像，简称嵌像）。

腹部——蜜蜂的第三个也是最大的体节，含有心脏、胃和肠。工蜂腹部还含有螫针和蜡腺；雄蜂腹部有睾丸；蜂王腹部有卵巢和受精囊。

改进的本地蜂箱——在英国正在使用的一种最普通的蜂箱，为单层箱壁的蜂箱。

盖板——见内盖。

盖被——见内盖。

干净的巢脾——已被灭菌过、移走病原的蜡质巢脾。

割蜜盖刀——摇取蜂蜜前用于从封盖蜜脾上移走封盖的一种刀具。

隔王板——一种带有狭槽的或以规定距离排列着铁丝的装置,允许工蜂但阻止蜂王和雄蜂的通过。

跟随行为——某些蜜蜂跟随并可能行刺另一个靠近它们蜂巢的动物的令人讨厌的习性。

工蜂——蜂群里最普通的蜜蜂,特化为为了群的延续承担所需要的任务,如饲喂小幼虫、采集花蜜和花粉。

工蜂脾——用于养育工蜂的一部分巢脾。当封盖的时候封盖是平的。也用于储存蜂蜜和花粉。

果糖(左旋糖)——蜂蜜中发现的占优势的单糖。

过敏性休克——一种严重的对蜂毒急性过敏产生的反应。它可引起死亡,除非即刻获得医疗救助。

害虫综合治理——使用一些药物和特殊的蜂群管理以减少瓦螨种群的做法。

合并蜂群——把两个或多个蜂群联合起来以形成一个更大的蜂群的行为。如果一个蜂群很弱或已经丢失了蜂王,则蜂群通常会被合并。

花粉筐——见花粉篮。

花粉篮——工蜂后足上成对的特化为携带花粉的一个跗节,也可用于携带蜂胶回巢。

花粉团——由采集蜂后足花粉篮携带的花粉小丸。

花粉——携带对未来世代的产生贡献雄性性别的植物花器部分。

花蜜向导——在花上的标记,可以引导昆虫到花蜜资源处。它们或许是人眼可见的,也或许是反射紫外光的,因而仅对蜜蜂可见。

花蜜——植物产生的、用来吸引昆虫进行授粉的含糖分泌物。

喙——形成吸吮管或舌头的蜜蜂口器,用于抽吸液体食物(花蜜或糖浆)或水。

霍夫曼巢框——一种自带蜂路的巢框。

级型——同一性别的不同形态。蜜蜂有两个雌性的级型——蜂王和工蜂。

加拿大脱蜂器——一块用于从储存蜂蜜的浅继箱里将蜜蜂清除的板。

交替——当老蜂王仍存在于蜂群里的时候,一个接替蜂王的养育。这两只蜂王可和谐地共同生活在一起,直到老蜂王死去。

交尾飞行——由一只处女王进行的飞行,处女王在空中可与多只雄蜂交配。

接触式饲喂器——一种能给予蜜蜂与内容物以直接接触的饲喂器。它不能盖住整个蜂箱表面区域,必须要由一个额外的箱体或空的浅继箱所围住,以便大盖能被紧密地放回原处。

结晶——蜂蜜中一个由最少的可溶性糖(葡萄糖)形成天然结晶体的过程,特别是温度下降的时候。

金环胡蜂——见亚洲大虎头蜂。

金属覆盖端——见巢框距离夹。

金属滑片——见巢框滑片。

框式距离夹——安放在框耳上的塑料垫环,平接邻近的巢框以保证巢框间距,可宽可窄。

蜡腺——在工蜂可见腹节最后4节下面的、可分泌蜂蜡的4对腺体。

冷蜂路——蜂箱内巢框与巢门呈现直角排列的状态。参见暖蜂路。

联结脾——建在蜂箱内相邻表面之间的蜂蜡桥。

亮热厉螨病——亮热厉螨属下的小蜂螨和柯氏热厉螨是两种严重的寄生性蜂螨,影响发育着的蜂子和成年蜜蜂。在英国目前是没有的,但却是一种法定申报的蜜蜂害虫。有关亮热厉螨病的咨询资料可从英国国立蜜蜂检疫站(www.nationalbeeunit.com)获得。

流蜜——由有利天气条件和合适花朵的可利用

度而带来的花蜜进到蜂箱的一个显著涌入。

卵——蜜蜂完全变态发育的第一个时期。被蜂王产下的卵外观上像一个小的、1.6毫米长的细杆，通常被放在巢房底部。

乱蜂团——与分蜂团一样，不同的是它可能含有一个或多个未交尾的蜂王。也叫二次分蜂团。

美幼病——一种法定传染病，由一种产孢子的幼虫芽胞杆菌的亚种所引起。在幼虫的中肠发育，并在幼虫封盖后杀死幼虫。封盖是凹陷的和穿孔的。关于美幼病的咨询性资料可在英国国立蜜蜂检疫站（www. nationalbeeunit.com）获得。

迷巢——采集回来的时候，蜜蜂从一个蜂群偶尔进入到另一个蜂群的倾向。

米勒饲喂器——一种木质的或塑料的与蜂箱横截面等大的饲喂器。有两个糖浆储存池，蜜蜂可以从一个中心狭槽接近它们。

密不透"蜂"的——一种仅能由巢门进入蜂箱的情形。

蜜露——吸食树木汁液的跳虫如蚜虫的排泄物。在清晨，当被露水稀释后，由蜜蜂采集。

蜜囊——蜜蜂胸部的一个器官，用于携带花蜜、蜂蜜或水。

面网——由养蜂人穿着的、以保护他们不受蜂蜇的、透视性良好的兜帽。

墨胸胡蜂——见亚洲大虎头蜂。

囊状幼虫病——一种阻止幼虫最终蜕皮的病毒性疾病。幼虫死在自己的表皮里，这个皮囊可从巢房中移走。

内盖——放在巢框之上、大盖之下的一块板或棉絮垫子，也被称为盖板或"盖被"。

内勤蜂——一种年轻的待在蜂箱里执行如下任务的蜜蜂：饲喂幼虫、清理巢房、从采集蜂那里接收并储存花蜜和花粉。

暖蜂路——蜂箱内巢框与巢门呈现平行排列的状态。

欧幼病——一种由蜂房蜜蜂球菌引起的疾病。它感染发育着的幼虫的肠道并与幼虫竞争食物。不会杀死所有受到感染的蜜蜂幼虫。在英国是法定传染病。关于欧幼病的咨询资料可从英国国立蜜蜂检疫站网站（www. nationalbeeunit.com）获得。

喷烟器——一种以严密方式释放烟的装置。

起刮刀——在蜂群操作中使用的一种复合型工具，作为撬起的杠杆或作为刮刀。

起落板——一条木片，通常固定在蜂箱基座上或作为箱底板的一部分，伸出巢门外，蜜蜂在跑进蜂箱前可以在其上面降落。

气门——存在于蜜蜂胸部和腹部的侧面的一些孔，是呼吸管或气管的开口。

弃巢——当一个蜂群完全放弃它的蜂巢而飞速跑到一个新巢址时的动作。

浅继箱——一些放在有蜂子的巢箱上部的箱子，以增加可利用的空间，用于储存蜂蜜。

切块巢脾——把天然的巢脾或建在薄巢础上的巢脾裁切成可以放进容器的尺寸，用于随后的出售。

切块巢脾的巢础——非常薄的蜂蜡巢础片，接近于天然建造的巢脾内主脉的厚度。

日本虎头蜂——见亚洲大虎头蜂。

晒太阳蜂巢——一种倒立的草编蜂窝，在上面有一个拱形的木质构架。

上颚腺——在工蜂头部里的一个腺体，负责产生幼虫食物和蜂王浆，喂给正在发育的幼虫。

上框梁蜂箱○——一种单层的无巢框的蜂箱，其内巢脾从一个可移动的上框梁上悬挂下来。

侍卫蜂——蜂群里侍卫蜂王并照顾其起居的工蜂。

螫针——一种位于工蜂腹部末端用于阻止入侵

○ 上框梁蜂箱纵切面呈现上宽下窄的梯形，横切面为矩形，属于横卧式蜂箱。——译者注

者的防御性结构。蜂王使用它来杀死竞争的对手，通常是在几个蜂王同时出房时或在分蜂过程中。

收蜂笼——一种由稻草编制成的蜂窝，其内不会包含有可移动的巢框。现在一般不再作为蜂群的永久蜂巢来使用了，而是经常用于收捕分蜂团。

守卫蜂——等候在蜂箱巢门口的保卫蜂巢的蜜蜂，防御入侵者，如其他群的蜜蜂、胡蜂、动物或人类。如果蜂箱被打扰或受到威胁，守卫蜂将发出一种报警激素（气味），并且第一个起飞冲向和袭击入侵者。

受精的蜂王——一个人工授精的或与雄蜂自然交尾的、可以产生受精卵的蜂王。

受精囊——在蜂王腹部的一个特殊器官，在其内储存着蜂王在交尾期间从雄蜂那里接收来的精子。

授粉——花粉从花朵的花药到柱头的转移。

爽身飞行——一种由蜜蜂进行的排泄飞行。在冬季蜂箱内或在坏的天气里，蜜蜂被囚禁了很长的一段时期，但是它们又避开在蜂箱内排便，于是当天气变好的时候，就进行了此飞行。

塑料端——见巢框距离夹。

塑料蜂箱——由厚的聚苯乙烯泡沫制作的蜂箱部件，它们与木质的模本尺寸相同。

抬箱掂量——从支持物上略微抬起蜂箱以判定它的重量。

糖浆——一种用于饲喂蜜蜂的糖和水的溶液。

蜕皮——幼虫表皮的脱落，以便为新的成长提供空间。

脱蜂板——一块被设计用来容纳一个或两个Porter脱蜂器的、盖在蜂箱横截面上的板。

外场地蜂场——一个建在远离养蜂人的家的蜂场。

玩耍巢房——见王台基。

玩耍飞行——见定向飞行。

王台基——王台的基底，在其中蜂王将产下一粒注定要发育成新蜂王的卵。

王台——一个加长的、垂直悬挂在巢脾表面的蜂子巢房，在其中蜂王被养育着。

沃尔（Warre）蜂箱⊖——其内安放有上框梁但是没有巢框的蜂箱，由相同的箱体叠加所组成。

无王的——即蜂群没有蜂王的时候。如蜜蜂有多余的工蜂卵或非常小的幼虫，它们可能会培养一个接替蜂王。

下痢——一种由蜜蜂体内过量的水引起的疾病。染有此疾病的蜜蜂在蜂箱内随处排便，通常是由在冬季和早春期间延长的禁闭以及消费高含水量食物所引起的。经常但不是一定与孢子虫有关。

箱体——4片木板被钉在一起成为一个方形，大小与蜂箱等大。当需要的时候，用于延长蜂箱。

小核群——一种小的蜂群，通常只有3个、4个或5个蜂箱巢框。主要用于开始新的蜂群或养育和储存蜂王。也被叫作核群。

小核箱——一种设计成仅够容纳3个、4个或5个蜂箱巢框的小的蜂箱。

小蜡螟——小蜡螟有与大蜡螟同样类型的搜寻习性，但是引起的危害较小。成虫蜡蛾与负袋衣蛾相似，以黄色的头部为特征。

信息素——一种由一个活的生物产生的可以影响同物种其他成员行为的物质。由蜂王产生的信息素可帮助蜂群恰当地行使职责。

胸部——蜜蜂身体上第二个、居于中心的部位，含有飞行肌，有足和翅膀附于其上。

雄蜂集结区——雄蜂们集结来与飞到相同区域的处女王进行交配的地方。

⊖ 沃尔蜂箱不是通常的从顶部而是从底部添加新箱体，属于垂直式上框梁蜂箱。——译者注

雄蜂脾——一种建造来饲养雄蜂的巢脾。其上的巢房比工蜂巢房略微大点，巢房被封盖时，有一个凸圆的、隆起呈穹顶状的封盖。

雄蜂——雄性的蜜蜂，其主要功能是飞到雄蜂集结区与那里的某只处女王交配。

虚拟巢框——一块被裁成与巢框的横截面尺寸等大的厚木板，用以替代蜂箱内巢框的位置。

亚洲大虎头蜂——目前在英国本土还没出现的金环胡蜂。

亚洲虎头蜂——特指墨胸胡蜂，能袭击和毁灭蜜蜂群，是亚洲土生土长的，现在刚出现在法国和比利时。

咽下腺——在工蜂头部的腺体，它可产生幼虫的食物和蜂王浆喂给发育着的幼虫。随着工蜂成熟，这个腺体变小了，转而产生蔗糖转化酶和葡萄糖氧化酶，帮助将花蜜转化为蜂蜜。

烟——喷烟器里由适宜材料燃烧的产物。用于蜜蜂的可产生最好的烟的应是有机材料，如朽木、木头刨花等。

养蜂（业）——饲养蜜蜂的实践。

摇蜜机——一种允许蜂蜜被从巢脾上提取出来、进而巢脾可被再行利用的机械。

蛹——蜜蜂完全变态发育中的第三期，在此期间，幼虫的器官被将要在成虫期使用的器官替代了，这一切都发生在封盖巢房里。

有王的——即蜂群有一只活着的、产卵的蜂王的时候。

右旋糖——见葡萄糖。

幼虫——蜜蜂完全变态发育的第二个时期。幼虫从卵孵化而来，发育成为蛹，并羽化为成虫。

幼虫食物腺——见咽下腺。

诱捕箱——一种用来吸引分蜂团的蜂箱。

圆舞——一种由蜜蜂使用的通信舞蹈，用以说明一个食物源距离蜂箱不超过 100 米。

越冬蜂团——大致的球形团，被蜜蜂采用的作为一种冬季存活的机制。

造好的脾——巢房被工蜂造成了适合它们的深度。

蔗糖——构成蜂蜜的两种主要糖之一。蜂蜜中另一种主要的糖是果糖（左旋糖）。

蔗糖氧化酶——在花蜜向蜂蜜的转化期间，一种可以将葡萄糖转化为葡糖酸和过氧化氢的酶。

侦察蜂——外出寻找花蜜、花粉、水和蜂胶等新资源的工蜂。如果蜂群准备分蜂，它们将去寻找一个适宜的场所来作为新家园。

转地放蜂——在某个季节，蜜蜂蜂群被从所在地向另一个地区移动，以利用两个或多个蜜源。

转化酶——在花蜜向蜂蜜的转化期间，一种将蔗糖转化为葡萄糖和果糖的酶。

转化糖浆——一种由蔗糖的化学分解所形成的液体糖浆。由此所产生的是葡萄糖（右旋糖）和果糖（左旋糖）均等的一种混合物。

赘脾——建在巢脾上的或在蜂箱内某部件上的但不与其他任何部件相联结的蜂蜡。

自带蜂路的巢框——一种侧边框上部被扩展成与邻近巢框相接触的巢框，维持一个恒定的巢框间距。

左旋糖——见果糖。

作盗行为——胡蜂或其他群的蜜蜂设法从一个蜂箱里偷盗蜂蜜的行为。

本书采用全彩图片加文字说明的编写方式，完整地介绍了蜜蜂的生物学特性和蜜蜂养殖技术，主要内容包括蜜蜂概述、养蜂工具、蜂群饲养管理、蜂产品生产技术、蜂群越冬管理、蜜蜂病害与敌害防治等技术，最后还有一个养蜂年历，总结了一年中每个月的重点工作。

　　本书不但介绍了养蜂误区和注意事项，而且介绍了正确的养殖实例和操作步骤，并配有大量的图片和表格，对于初学者和具有一定养蜂经验的人都有非常好的参考价值。

Bee Manaul: The Complete Step-by-Step Guide to Keeping Bees
by Claire and Adrian Waring

Copyright © Claire and Adrian Waring 2011

Simplified Chinese Translation Copyright © 2018 China Machine Press. This edition is authorized for sale throughout the world.

All rights reserved.

北京市版权局著作权合同登记　图字：01-2017-3844 号。

图书在版编目（CIP）数据

养蜂技术全图解 /（英）克莱尔·韦林（Claire Waring），（英）艾德里安·韦林（Adrian Waring）著；王丽华译.
— 北京：机械工业出版社，2018.9（2025.5重印）
书名原文：Bee Manual: The Complete Step-by-Step Guide to Keeping Bees
ISBN 978-7-111-60844-8

Ⅰ.①养… Ⅱ.①克… ②艾… ③王… Ⅲ.①养蜂-图解 Ⅳ.①S89-64

中国版本图书馆CIP数据核字（2018）第208017号

机械工业出版社（北京市百万庄大街22号　邮政编码100037）
策划编辑：周晓伟　　责任编辑：周晓伟　魏素芳
责任校对：潘　蕊　　责任印制：单爱军
保定市中画美凯印刷有限公司印刷

2025年5月第1版·第6次印刷
147mm×210mm·8.25印张·2插页·226千字
标准书号：ISBN 978-7-111-60844-8
定价：59.80元

凡购本书，如有缺页、倒页、脱页，由本社发行部调换
电话服务　　　　　　　　　　网络服务
服务咨询热线：010-88361066　机 工 官 网：www.cmpbook.com
读者购书热线：010-68326294　机 工 官 博：weibo.com/cmp1952
　　　　　　　010-88379203　金 书 网：www.golden-book.com
封面无防伪标均为盗版　　　教育服务网：www.cmpedu.com